高堆石坝筑坝堆石料的
静动力特性与本构模型研究

张凌凯　编著

武汉理工大学出版社
·武　汉·

图书在版编目(CIP)数据

高堆石坝筑坝堆石料的静动力特性与本构模型研究/张凌凯编著.—武汉:武汉理工大学出版社,2023.7

ISBN 978-7-5629-6848-1

Ⅰ.①高… Ⅱ.①张… Ⅲ.①高坝—堆石坝—筑坝—堆石料—研究 Ⅳ.①TV641.4

中国国家版本馆 CIP 数据核字(2023)第 146992 号

Gaodui Shiba Zhuba Duishiliao de Jingdongli Texing yu Bengou Moxing Yanjiu

高堆石坝筑坝堆石料的静动力特性与本构模型研究

项目负责人:王　思		责 任 编 辑:王　思	
责 任 校 对:陈　平		版 面 设 计:正风图文	

出 版 发 行:武汉理工大学出版社

地　　　　址:武汉市洪山区珞狮路 122 号

邮　　　　编:430070

网　　　　址:http://www.wutp.com.cn

经 销 者:各地新华书店

印 刷 者:武汉乐生印刷有限公司

开　　　　本:787 mm×1092 mm　1/16

印　　　　张:9.75

字　　　　数:160 千字

版　　　　次:2023 年 7 月第 1 版

印　　　　次:2023 年 7 月第 1 次印刷

定　　　　价:68.00 元

前 言

    高堆石坝筑坝材料在静动力荷载作用下的力学特性及其本构模型研究,是当前岩土工程领域的热点研究课题之一。本书在已有研究成果的基础上,从材料试验、物理机制、数学建模和工程应用四个方面,对高堆石坝筑坝堆石料在静动力荷载作用下的工程力学特性及其本构模型展开深入研究,取得的主要研究成果有:

    (1)通过对堆石料在静力荷载作用下分别进行常规三轴试验、等 p 三轴试验和等应力比三轴试验三种不同应力路径的静力变形特性试验研究,探讨了堆石料的强度特性、压缩特性、剪切特性、应力应变特性、颗粒破碎、临界状态和剪胀速率等力学特性规律。

    (2)通过对堆石料在等幅循环荷载和不规则循环荷载作用下分别进行常规三轴循环加载试验、偏应力循环加载试验和球应力循环加载试验三种不同应力路径的动力变形特性试验研究,分析了不同应力条件下堆石料体积应变和偏应变的发展规律及其变形机制,并探讨了堆石料在循环荷载作用下的颗粒破碎和剪胀速率等力学特性规律。

    (3)综合分析已有残余变形模型的优缺点,基于对堆石料残余变形试验结果的分析,对堆石料的残余变形模型进行了改进,主要包括:①采用轴向应变和体积应变的关系式进行剪切应变的计算,考虑了泊松比变化对剪切应变的影响;②采用指数函数形式,能够较好地描述堆石料残余剪切应变和残余体积应变的发展规律;③在残余体积应变和残余剪切应变公式中采用初始应力状态的平均应力和剪应力比进行表述,以反映围压和固结比等因素对堆石料残余变形特性的影响。

    (4)基于对堆石料在静动力荷载作用下变形规律的认识,得出堆石料在压缩和剪切作用下的颗粒破碎特性规律,通过引入压缩破碎和剪切破碎的相关参数,在张建民等提出的将压缩和剪切作用引起的体积应变和偏应变分为可逆性和不可逆性八个分量的框架下,借鉴已有的本构模型,在边界面理论和临界状态理论的基础上,发展了一个考虑颗粒破碎和状态的堆石料静动力统一弹塑性本构模型。该本构模型的特点有：①从压缩和剪切两个方面分别考虑了堆石料的颗粒破碎特性；②通过引入状态参数，实现了采用一套参数对不同孔隙比和应力状态下的堆石料进行统一描述；③该模型能够分别对堆石料在单调荷载和循环荷载作用下的变形特性规律进行描述。

（5）以紫坪铺面板堆石坝为对象进行研究，静力分析采用 E-B 模型，动力反应分析采用等效线性黏弹性模型，堆石料残余变形分析采用本书编者提出的改进残余变形模型，分析了该面板堆石坝在汶川地震发生时水位的加速度反应和残余变形特性规律，并与实测的地震残余变形进行对比分析，初步验证了编者提出的改进残余变形模型的有效性。

本书的研究成果主要来源于编者在攻读博士学位期间的研究成果，由于编者研究水平有限，书中难免存在错误与疏漏，敬请各位专家学者以及广大同行给予批评指正。

编　者

2023 年 1 月

目　　录

第1章 绪 论

1.1 选题背景及研究意义

1.1.1 高堆石坝的发展现状

随着我国"一带一路"倡议[1]的强力推进以及国家"十三五"规划纲要[2]的贯彻实施,基础设施建设作为优先发展领域迎来了前所未有的发展机遇。我国水电资源丰富,但开发程度较低,因此,加快水电开发,促进能源结构调整,将是当前我国能源战略的必然要求。《水电发展"十三五"规划》[3]中也明确指出:"把发展水电作为能源供给侧结构性改革、确保能源安全、促进贫困地区发展和生态文明建设的重要战略举措,加快构建清洁低碳、安全高效的现代能源体系,在保护好生态环境、妥善安置移民的前提下,积极稳妥发展水电,科学有序开发大型水电,严格控制中小水电,加快建设抽水蓄能电站。""十三五"期间水电发展目标详见表1-1。

表1-1 "十三五"期间水电发展目标[3]

项目	新增投产规模/万 kW	2020 年目标规模	
		装机容量/万 kW	年发电量/亿(kW·h)
一、常规水电站	4349	34000	12500
1. 大中型水电站	3849	26000	10000
2. 小型水电站	500	8000	2500
二、抽水蓄能电站	1697	4000	
合计	6046	38000	12500

为实现水能资源的综合开发与高效利用,我国拟建一批高库大坝,其中如美水电站、双江口水电站、古水水电站和其宗水电站的筑坝高度都将超过 300 m。这些高库大坝多位于工程地质复杂、地震烈度较高等自然环境恶劣的地区,且当

地经济落后、交通闭塞,总体工程难度较大。由于堆石坝可充分利用当地天然材料,对不良地质条件具有良好的适应性,且具有机械化程度高、施工速度快、工程造价低、抗震性能好等良好特性,堆石坝具有广阔的应用前景。因此,我国拟建、在建的多座 300 m 级的高库大坝均采用堆石坝作为首选坝型,详见表 1-2。

表 1-2　国内 200 m 以上的高堆石坝工程统计表[4-7]

序号	所在地	工程名称	河流	最大坝高/m	最大覆盖层深度/m	主要坝型	设计加速度	备注
1	西藏	如美水电站	大渡河	315	—	心墙堆石坝	0.1g	在建
2	四川	双江口水电站	大渡河	314	60	心墙堆石坝	0.21g	在建
3	云南	其宗水电站	金沙江	356	60～140	心墙堆石坝	0.303g	拟建
4	云南	古水水电站	澜沧江	305	—	面板堆石坝	0.286g	拟建
5	四川	两河口水电站	雅砻江	295	—	心墙堆石坝	0.288g	已建
6	云南	糯扎渡水电站	澜沧江	261.5	—	心墙堆石坝	0.283g	已建
7	青海	茨哈峡水电站	黄河	253	—	面板堆石坝	0.266g	拟建
8	新疆	大石峡水电站	库玛拉克河	251	—	面板砂砾石坝	0.286g	在建
9	四川	长河坝水电站	大渡河	240	80	心墙堆石坝	0.359g	已建
10	四川	猴子岩水电站	大渡河	223.5	—	面板堆石坝	0.297g	已建
11	青海	玛尔挡水电站	黄河	211	—	面板堆石坝	0.299g	在建
12	湖北	水布垭水电站	清江	233	—	面板堆石坝	0.1g	已建
13	湖北	江坪河水电站	溇水	219	—	面板堆石坝	—	已建

1.1.2　高堆石坝面临的工程问题

尽管国内外已陆续建成一批 200 m 级的高堆石坝,并取得了一些成功建设经验,为 300 m 级高堆石坝的建设奠定了良好基础。但部分已建工程在建设和运行的过程中,出现了一些危及工程建设和运行的安全问题[8-15]。如非洲莱索托莫哈里(Mohale)面板堆石坝、墨西哥阿瓜密尔帕坝、巴西坎泼斯诺沃斯(Campo Novos)混凝土面板堆石坝和巴拉格兰德(Barra Grande)面板堆石坝,以及我国的天生桥一级面板堆石坝、水布垭混凝土面板坝都出现了面板的局部破损现象,包括面板与堆石之间脱空、面板开裂及挤压破坏、垫层区产生斜向裂缝、边墙与堆石体分离、心墙的水力劈裂以及渗漏等现象,其中面板的结构性裂缝和挤压破坏尤为突出。究其根源,这些现象主要是坝体的变形过大以及不均匀沉降造成的。

另外,我国拟建的 300 m 级超高堆石坝多位于我国西部地区,而西部地区具有地震强度大、频率高、重复周期短等特点,地震的破坏性较为严重,属于高地震烈度区。这些高坝大库一旦因地震出险甚至溃决破坏,后果将不堪设想,因此加强对堆石坝的地震安全性问题的研究具有十分重要的意义[16-19]。

通过对国内外部分堆石坝的震害调查分析(详见表 1-3)可知,堆石坝主要的震害现象有[20-23]:①大坝产生明显的地震残余变形;②地震造成混凝土面板周边接缝处发生明显变位;③混凝土面板垂直缝挤压破坏;④混凝土面板发生脱空与错台;⑤大坝下游局部堆石体发生滑动等。

表 1-3 国内外部分堆石坝震害现象统计表[4]

序号	所属国	名称	坝型	坝高/m	地震时间	震害现象
1	中国	紫坪铺混凝土面板堆石坝	面板堆石坝	156	2008 年	大坝产生明显的地震残余变形,周边接缝处发生变位,面板发生脱空、错台及挤压破坏等
2	智利	Cogoti 混凝土面板堆石坝	面板堆石坝	85	1943 年、1971 年	坝顶最大震陷量为 40 cm,面板脱空,坝顶出现纵向裂缝,面板发生挤压破坏,接缝处沥青被挤出等
3	中国	碧口壤土心墙堆石坝	心墙堆石坝	101.8	2008 年	大坝产生明显沉降和水平位移,坝体表面出现明显损伤,渗流量加大,但趋于稳定等
4	中国	水牛家心墙堆石坝	心墙堆石坝	108	2008 年	坝壳料最大沉降量为 7.35 cm,心墙最大沉降量为 3.71 cm,坝体最大水平位移为 1.35 cm
5	墨西哥	EI Infiernillo 心墙堆石坝	心墙堆石坝	181	1979 年、1985 年、1990 年	坝顶产生沉降和水平位移,心墙与坝壳交界处出现纵向裂缝等
6	墨西哥	La Villita 心墙堆石坝	心墙堆石坝	59.7	1985 年	坝壳与坝顶心墙交界处出现不连续纵向裂缝,坝顶心墙沉降量约为 11 cm
7	美国	Anderson 心墙堆石坝	心墙堆石坝	72	1989 年	心墙与坝料之间出现不均匀沉降,坝顶沉降量为 1.5 cm,水平位移为 0.9 cm 等
8	日本	Takami 心墙堆石坝	心墙堆石坝	120	2003 年	坝顶心墙与坝壳料之间出现裂缝等

紫坪铺混凝土面板堆石坝作为目前国内外仅有的经受过大地震考验且震害资料最为完整的堆石坝,可为高堆石坝的抗震设计研究提供参考依据。紫坪铺混凝土面板堆石坝主要的震害现象如图 1-1 所示[4-5,20]。

图 1-1 紫坪铺混凝土面板堆石坝的震害现象

(a) 面板发生错台破坏现象;(b) 面板发生挤压破坏;

(c) 下游块石松动及滑移;(d) 防浪墙内止水被破坏;

(e) 坝体产生残余变形;(f) 坝肩和坝体出现沉降差

1.2　研究课题的提出

堆石坝在建设和运行过程中出现的面板脱空、裂缝、挤压破坏,以及止水失效导致的大量渗漏等现象,主要是筑坝材料的变形过大及不均匀沉降造成的。堆石坝在地震荷载作用下发生的震害现象,如坝体裂缝、混凝土面板脱空、错台及面板和接缝开裂等现象,主要是地震导致的堆石坝坝体变形及大坝各部位变形的不均匀性和不协调性所致。在地震荷载作用下,震害现象多出现在坝体不同材料的接触部位,由于坝体在地震荷载作用下发生残余变形是不可避免的,因此设法减小坝体的残余变形以及坝体各类接触部位变形及其变形的不均匀和不协调性将是高堆石坝抗震设计的关键[24-28]。本课题正是基于这样的背景提出的,深入研究高应力和复杂应力条件下筑坝材料的静动力工程特性,建立更加符合筑坝材料力学特性的静动力弹塑性本构模型,以便于进行堆石坝的静动力变形特性反应分析。

1.3　研究目标

本课题的研究目标是:通过总结国内外筑坝材料的力学特性及其本构模型的研究进展,基于堆石料在静动力荷载作用下的变形特性试验研究,揭示堆石料的变形特性规律及其物理机制;通过对试验结果进行分析与探讨,改进堆石料的残余变形模型,建立考虑颗粒破碎和状态的堆石料静动力统一弹塑性本构模型。

1.4　主要研究内容及技术路线

1.4.1　主要研究内容

本书通过研究堆石料在静动力荷载作用下的力学特性,分析了堆石料的强度特性、变形特性、颗粒破碎、临界状态、剪胀特性等力学特性,基于已有的试验成果,改进了堆石料的残余变形模型,并从压缩和剪切两方面分别考虑堆石料的颗粒破碎特性,借鉴已有的本构模型,在边界面理论和临界状态理论的基础上,建立了一个考虑颗粒破碎和状态的堆石料静动力统一本构模型。本书主要内容包括:

第1章:阐述选题背景及研究意义,并提出研究课题,说明主要研究内容及技术路线。

第2章:简要概述筑坝材料在静动力荷载作用下的力学特性及其本构模型的研究进展。

第3章:通过对堆石料在静力荷载作用下进行不同应力路径的试验研究,综合分析了堆石料的强度特性、应力应变、颗粒破碎、临界状态、剪胀速率等力学特性。

第4章:通过对堆石料在等幅循环荷载和不规则循环荷载作用下分别进行三种不同应力路径的试验研究,分析了堆石料在不同应力路径作用下的变形特性、颗粒破碎和剪胀速率等特性。

第5章:基于堆石料的残余变形试验结果,在已有残余变形模型的基础上,改进了堆石料的残余变形模型。

第6章:基于堆石料在静动力荷载作用下的变形规律,借鉴已有的本构模型,在边界面理论和临界状态理论的基础上,建立了考虑颗粒破碎和状态的堆石料静动力统一本构模型。

第7章:以紫坪铺面板堆石坝为对象进行研究,静力分析采用 E-B 模型,动力反应分析采用等效线性黏弹性本构模型,残余变形分析采用改进的残余变形模型,分析了该面板堆石坝在汶川地震发生时水位的加速度反应和残余变形特性规律,并与实测的地震变形结果进行对比分析,初步验证了提出的改进残余变形模型的有效性。

第8章:阐述本课题的主要研究成果和存在的不足,以及进一步的研究展望。

1.4.2 研究技术路线

本课题采用的主要研究技术路线见图 1-2。

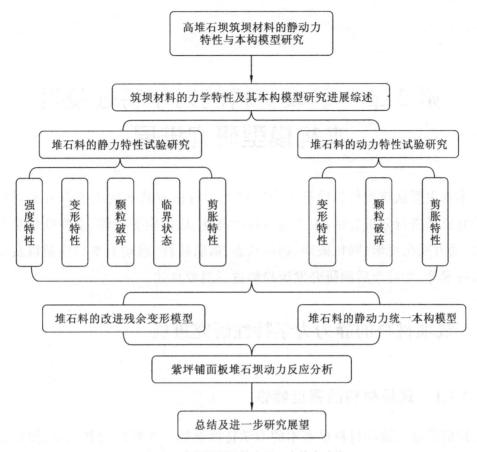

图 1-2 本课题采用的主要研究技术路线

第2章 筑坝材料的力学特性及其本构模型研究进展

本章主要从筑坝材料的静动力工程力学特性及其本构模型等方面对已有的研究成果进行分析总结,主要包括强度特性、应力应变特性、动弹性模量和阻尼比、动力残余变形、颗粒破碎、临界状态、剪胀特性、静动力本构模型以及试验测试技术等,并对今后的研究发展趋势进行简要评述。

2.1 筑坝材料的静力力学特性研究进展

2.1.1 筑坝材料的强度特性

抗剪强度是筑坝材料最基本的力学特性参数。在低应力状态下,强度包线可采用线性的莫尔-库仑公式表示;随着压力的增加,筑坝材料发生颗粒破碎和重新排列,从而发生变形,即颗粒级配的含量和密实度发生变化,使得强度包线呈现曲线形式。国内外许多学者[29-35]根据试验结果提出相应的强度特性参数表述公式,详见表 2-1。

表 2-1 强度特性参数表示方法

序号	参考文献	强度特性参数表述公式
1	Mohr-Coulomb[29]	$\tau_{\mathrm{f}} = c + \sigma \tan\varphi$
2	De Mello[30]	$\tau_{\mathrm{f}} = A\sigma_n^b$
3	Duncan[31]	$\varphi = \varphi_0 - \Delta\varphi \log\left(\dfrac{\sigma_3}{p_{\mathrm{a}}}\right)$
4	殷家瑜等[34]	$\tau_{\mathrm{f}} = A p_{\mathrm{a}} \left(\dfrac{\sigma}{p_{\mathrm{a}}}\right)^B$
5	郭庆国[35]	$\tau_{\mathrm{f}} = c + a p_{\mathrm{a}} \left(\dfrac{\sigma_3}{p_{\mathrm{a}}}\right)^b$

基于上述抗剪强度特性参数表述公式，田树玉[37]通过对粗粒土进行大型高压三轴排水剪切试验，对常用的三种强度公式进行了拟合对比分析。梁军[38]对堆石料进行了等 p 三轴及常规三轴两种不同应力路径的试验研究，试验结果表明：堆石料的抗剪强度与应力路径无关。姜景山等[39]基于一系列的大型三轴排水剪切试验得出如下结论：围压、密度、颗粒破碎等因素对抗剪强度的影响较为显著。

目前，测定粗粒土抗剪强度主要采用的仪器是大型三轴剪切试验仪，由于试样为圆柱体，假定中主应力和小主应力相等，因而不能考虑中主应力对强度的影响。为探讨中主应力对强度的影响规律，需对粗粒土进行平面应变试验或真三轴试验。国内一些学者，如郭熙灵[40]、石修松[41]和施维成[42]分别采用扭剪仪、平面应变仪和真三轴仪对粗粒土进行了一系列相关试验研究，试验结果表明：平面应力状态下测得的抗剪强度相比三轴应力状态下测得的试验值有所提高。由于平面应变仪和真三轴仪的设备较为复杂，试验难度较大，因此目前的试验结果相对较少。

2.1.2　筑坝材料的应力应变特性

2.1.2.1　常规三轴试验

国外学者 Marsal[43]、Indraratna 等[44]最早开展关于筑坝材料的三轴试验研究，随着我国土石坝工程的大量建设，国内学者[45-51]也逐步开展了大量的堆石料等粗粒土的大型三轴试验，研究结果表明：堆石料等粗粒土的应力应变关系可分为应变软化型和应变硬化型，体积应变主要表现为低压剪胀和高压剪缩现象；堆石料的变形特性主要与堆石料的颗粒形状、母岩性质、颗粒破碎、密实度和应力状态等多种因素有关。国内学者刘萌成等[52]总结了静力试验条件下粗粒料大三轴试验的研究进展情况，主要包括抗剪强度、变形特性、本构模型及试验技术等方面。对于同一种粗粒土，孔隙比和应力状态是影响材料变形特性的重要因素，共同决定了粗粒土的应力应变曲线形态；也有学者[53-54]就其缩尺方法、制样方法以及试验级配等因素对变形的影响规律进行了探讨分析。

2.1.2.2　其他应力路径试验

目前，堆石料的剪切试验研究多以常规三轴试验为主，关于其他应力路径的试验研究相对较少。已有研究表明，堆石料的典型坝体一般会经历三个不同的阶段：①坝体的填筑期，类似于等应力比的加载试验过程；②坝体的蓄水期，蓄水期的应力路径以及水位反复升降时的加卸载过程较复杂;③坝体的运行期,运行期的流变变形情况较复杂。这些工况的应力条件与常规三轴试验的应力条件差别较大,因此,有必要进一步开展筑坝材料在其他复杂应力条件下的变形特性研究,为建立筑坝材料的本构模型提供试验依据。

国内外早期主要是针对黏性土和砂土进行不同应力路径的试验研究,以揭示应力路径对土体应力应变特性的影响。如孙岳崧等[55]以承德中密砂为试验材料,分析了不同应力路径和应力作用下砂土的变形规律,探讨了应力路径和应力作用对砂土本构模型参数的影响。许成顺等[56]进行了 8 种不同应力路径作用下砂土的单调剪切试验,试验结果表明:不同应力路径作用下砂土的剪切特性规律明显不同。张林洪等[57]、谢婉丽等[58]、梁彬[59]和张如林[60]基于大坝在填筑期的主应力比为常数,根据蓄水期的实际应力路径进行了相关试验研究,并根据试验结果分析了坝体材料相应的变形规律。刘萌成等[61]以宜兴抽水蓄能电站主堆石料为试验材料,开展了不同应力路径作用下的大型三轴剪切试验研究,试验结果表明:应力路径对堆石料的剪切特性影响较大,而对抗剪强度影响极小。古兴伟等[62]通过对糯扎渡筑坝材料进行特定应力路径下的三轴排水剪切试验,研究了复杂应力路径下堆石料的应力-应变规律,试验结果表明:堆石料的应力-应变特征规律严格受控于应力路径。杨光等[63]采用大型三轴试验机,对粗粒料分别进行了常规三轴、等 p 三轴和等应力比三种不同应力路径试验,研究堆石料在不同应力路径下的应力应变、变形和强度特性,并对堆石料的卸载体缩现象进行了分析和探讨。陈金锋等[64]采用大型三轴试验机,以石灰岩碎石填料为试验材料,进行了三轴的干湿对比试验。秦尚林等[65]为深入研究绢云母片岩粗粒料的力学特性,分别进行了固结排水、不排水的常规三轴试验以及等 p 应力条件下的固结排水三轴试验。王江营等[66]对不同含石量的土石混填体分别进行了常规三轴、等应力比三轴和等 p 三轴的一系列试验研究,并探讨了土石混填体的应力应变特性规律。

综上所述,粗粒土的应力应变特性具有明显的应力路径相关性,尽管已有学者针对粗粒土开展了不同应力路径作用下的试验研究,但由于试验条件的限制,有关高应力及复杂应力条件下筑坝材料的变形特性研究仍然有限,全面系统的筑坝材料在复杂应力条件下的变形规律的试验资料尤为欠缺,因此,进行常规三轴试验及其他不同应力路径的试验研究仍是当前的主要研究课题。

2.2　筑坝材料的动力力学特性研究进展

由于筑坝材料（一般指主堆石料和次堆石料）的颗粒尺寸较大,无法在常规的振动三轴仪、共振柱以及循环扭剪仪上进行试验研究,因此有关筑坝材料动力方面的研究较少,目前有关筑坝材料的研究主要是在大型动三轴试验仪上进行的。

2.2.1　动弹性模量和阻尼比

国外学者 Hardin 和 Drnevich[67-68]根据砂土的试验结果,将初始等效动弹性模量换算成等效动剪切模量,并给出了初始等效剪切模量的经验公式;Matsumoto 等[69]、Yasuda 等[70-72]通过对堆石料进行循环扭剪和动三轴试验,研究了围压、初始孔隙比、固结比等因素对堆石料剪切模量和阻尼比的影响规律。国内学者陈国兴等[73]、孙静和袁晓铭[74-76]、孙悦等[77]以及蔡袁强等[78]分别针对砂土、冻土、软黏土的动模量阻尼比以及测试技术进行了一系列的试验研究,何昌荣[79]、张茹等[80-81]、孔宪京等[82-83]、贾革续和孔宪京[84]、刘汉龙等[85]及王佳[86]针对堆石料的动模量和阻尼比进行了试验研究及探讨。动剪切模量和阻尼比的主要影响因素有:动剪应变的幅值、围压、动应力比、初始固结比、初始孔隙比、材料的颗粒级配及岩石性质等。当前,关于动剪切模量及阻尼比的研究仍然是在试验结果的基础上,对已有公式进行相应修正。

2.2.2　筑坝材料的动力变形特性

目前关于筑坝材料的动力变形试验研究,主要是基于常规三轴的动力残余变形试验结果对筑坝材料的残余变形公式进行相应改进,主要分为三类:①谷口荣一模型及其修正模型,如 Taniguchi 等[87]、贾革续和孔宪京[88];②中国水利水电科学研究院模型(简称水科院模型)及其修正模型,如刘小生等[89]、王昆耀等[90]、阮元成等[91-94]、杨正权等[95-96]和迟世春等[97];③沈珠江残余变形模型及其改进模型,如沈珠江等[98-99]、邹德高等[100-101]、于玉贞等[102]、凌华等[103-104]、朱晟等[105]、姜森等[106]、曹培等[107]、刘汉龙等[108]、董威信等[109]、巩斯熠和黄斌[110]、王玉赞等[111]、傅华等[112]、杨青坡等[113]、孙志亮等[114]和王庭博等[115]。堆石料比较典型的残余变形模型公式见表 2-2。一些学者[116-118]也针对其密实度、颗粒级配、母岩特性等因素对残余变形的影响规律进行了探讨分析。关于筑坝材料在其他复杂应力路径下的动力变形试验研究较少,如杨光等[119]对堆石料分别进行了常规三轴循环加载、偏应力循环加载和球应力循环加载试验研究,分析了堆石料的轴向应变和体积应变的变化规律。有关堆石料在偏应力循环加载和球应力循环加载等其他应力路径作用下的变形试验仍然较少,因此,筑坝材料在其他应力路径条件下的变形特性及其物理机制分析仍有待进一步研究。

表 2-2　堆石料的典型残余变形模型公式汇总

序号	类型	参考文献	残余变形模型公式
1	谷口荣一模型及其修正模型	Taniguchi 等[87]	$\dfrac{\tau_s+\tau_d}{\sigma_0}=\dfrac{\gamma_r}{a+b\gamma_r}+\dfrac{\tau_s}{\sigma_0}$
2		贾革续和孔宪京[88]	$\dfrac{\tau_d}{(\sigma_0 \cdot p_a)^{0.5}}=\dfrac{\gamma_r/e}{a+b\gamma_r/e}$ $\dfrac{\tau_d}{(\sigma_0 \cdot p_a)^{0.5}}(K_c-1)=J \cdot \left(\dfrac{\gamma_r}{e}\right)$
3	水科院模型及其修正模型	刘小生等[89]	$\Delta\tau=\dfrac{\gamma_r}{a+b\gamma_r}$，$\varepsilon_{vr}=K\left(\dfrac{\Delta\tau}{\sigma_0}\right)^n$
4		迟世春等[97]	$\varepsilon_{vr}=c_1\left(\dfrac{\sigma_3}{p_a}\right)^{c_2}\left(\dfrac{\sigma_d}{\sigma_m}\right)$，$\gamma_r=c_3\left(\dfrac{\sigma_3}{p_a}\right)^{c_4}\left(\dfrac{\sigma_d}{p_a}\right)s_1^n$
5	沈珠江残余变形模型及其改进模型	沈珠江和徐刚[99]	$\varepsilon_{vr}=c_1\gamma_d^{c_2}\exp(-c_3s_1^2)\log(1+N)$，$\gamma_r=c_4\gamma_d^{c_5}S_1^2\log(1+N)$
6		邹德高等[100]	$\varepsilon_{vr}=c_1\gamma_d^{c_2}\exp(-c_3s_1^2)\log(1+N)$，$\gamma_r=c_4\gamma_d^{c_5}S_1\log(1+N)$
7		凌华等[103-104]	$\varepsilon_{vr}=c_1\gamma_d^{c_2}\exp(-c_3s_1^2)\log(1+N)$，$\gamma_r=c_4\gamma_d^{c_5}\sqrt{K_c-1}\log(1+N)$
8		朱晟和周建波[105]	$\varepsilon_{vr}=c_{vr}\log(1+N)$，$c_{vr}=c_1\left(\dfrac{\sigma_m'}{p_a}\right)^{1-n_{GM}}\left(\dfrac{\tau_d}{\sigma_m'}\right)^{c_2}$ $\gamma_r=c_{dr}\log(1+N)$，$c_{dr}=c_3\left(\dfrac{\sigma_m'}{p_a}\right)^{1-n_{GM}}\left(\dfrac{\tau_d}{\sigma_m'}\right)^{c_4}s^{ns}$
9		王玉赞等[111]	$\varepsilon_{vr}=c_1\gamma_d^{c_2}\exp(-c_3s_1^2)\log(1+N)$，$\gamma_r=c_4\gamma_d^{c_5}K_c^n\log(1+N)$
10		傅华等[112]	$\gamma_r=aN^b$，$a=c_1\gamma_d^2e^{(k_c-1)}\left(\dfrac{\sigma_d}{\sigma_3}\right)^{-1}\left(\dfrac{\sigma_3}{p_a}\right)^{-0.5}$ $b=e^{-c_2\gamma_d}\left(\dfrac{2+k_c}{3}\right)\left(\dfrac{\sigma_d}{\sigma_3}\right)^{-1}\left(\dfrac{\sigma_3}{p_a}\right)^{-0.5}$，$\varepsilon_v=cN^d$ $c=c_3\gamma_d^2e^{(0.5k_c-1)}\left(\dfrac{\sigma_d}{\sigma_3}\right)^{-1}\left(\dfrac{\sigma_3}{p_a}\right)^{-0.5}$，$d=e^{-c_4\gamma_d k_c}\left(\dfrac{\sigma_d}{\sigma_3}\right)^{-1}\left(\dfrac{\sigma_3}{p_a}\right)^{-0.5}$
11		杨青坡等[113]	$\varepsilon_{vr}=A_{vr}\dfrac{N}{B_{vr}+N}$，$A_{vr}=d_1\gamma_d^{d_2}\left(\dfrac{p}{p_a}\right)^{0.5}$ $\gamma_r=A_{sr}\dfrac{N}{B_{sr}+N}$，$A_{sr}=d_3\gamma_d^{d_4}(K_c-1)^{1.5}$
12		王庭博等[115]	$\gamma^p=\gamma_1^p \cdot N^{n_r}$，$\gamma_1^p=c_r(\gamma^c)^{a_\gamma}\dfrac{\eta_0}{\sqrt{p_0/p_a}}$，$n_r=d_r(\gamma^c)^{-\beta_r}\sqrt{p_0/p_a}$ $\varepsilon_v^p=\varepsilon_v^f\left[1-\exp\left(-\dfrac{N}{N_v}\right)\right]$，$\varepsilon_v^f=c_v(\gamma^c)^{a_v}$，$N_v=d_v(\gamma^c)^{-\beta_v}\sqrt{p_0/p_a}$

综上所述，目前关于筑坝材料在其他应力路径下的动力试验相对较少，仍然是以常规三轴循环加载试验为主，应进一步增加不同应力路径作用下筑坝材料的动力变形试验研究，揭示筑坝材料在循环荷载作用下的变形物理机制，为建立物理机制明确、模型表述恰当、参数容易确定的循环弹塑性本构模型提供试验依据。

2.3　筑坝材料的颗粒破碎特性研究进展

粗粒土在静动力荷载作用下均会产生明显的颗粒破碎，颗粒破碎会导致材料强度降低以及压缩性增大，进而发生较大的变形并最终导致结构发生破坏。本节主要从颗粒破碎的定量描述指标、影响因素及其对材料力学特性的影响，考虑颗粒破碎效应的本构模型建立等方面进行阐述。

2.3.1　颗粒破碎指标的定义

颗粒材料在静动力荷载作用下发生颗粒破碎，会导致其颗粒级配发生相应变化。为了量化颗粒材料发生颗粒破碎程度的大小，一些学者基于颗粒级配曲线上的特征值来描述颗粒级配的变化。目前，颗粒破碎的评价指标主要有两大类[120-122]：

（1）单一性破碎指标：指通过对某一级配含量所对应级配曲线的粒径比值或某一粒径所对应级配含量的差值进行颗粒破碎定量描述的指标，如 B_{10}[123]、B_{15}[124]、B_{60}[125] 和 B_{g}[43] 等。

（2）全局性破碎指标：包含所有颗粒粒径的破碎情况，如 B_{r}[128]、B_{rE}[129-130]、I_{g}[131] 和 BBI[132] 等。

不同类别的指标各有优缺点。单一性破碎指标虽简单，但不能反映所有颗粒的破碎情况；全局性破碎指标虽能够反映整体的破坏情况，但需要计算面积，较为复杂。

常见颗粒破碎指标的计算公式见表 2-3。

表 2-3　常见颗粒破碎指标的计算公式

序号	参考文献	颗粒破碎指标的计算公式	序号	参考文献	颗粒破碎指标的计算公式
1	Lee 和 Farhoomand[124]	$B_{15}=D_{15i}/D_{15f}$	6	Nakata 等[127]	$B_f=1-R/100$
2	柏树田和崔亦昊[125]	$B_{60}=D_{60i}-D_{60f}$	7	Hardin[128]	$B_r=B_t/B_p$
3	Lade 等[123]	$B_{10}=1-D_{10f}/D_{10i}$	8	Einav[129-130]	$B_{rE}=B_{tE}/B_{pE}$
4	Marsal[43]	$B_g=\sum\Delta W_k$	9	David 和 Kenichi[131]	$I_G=B'_t/B'_p$
5	Biarez 和 Hicher[126]	$C_u=D_{60}/D_{10}$	10	Indraratna 等[132]	$BBI=A/(A+B)$

2.3.2　颗粒破碎的影响因素及其对材料力学特性的影响

影响颗粒材料发生颗粒破碎的因素较多,可分为两大类:①与其材料的力学特性有关,主要包括硬度、颗粒形状、风化程度、相对密度、湿化程度、颗粒级配以及微观结构等;②与其试验条件有关,主要包括围压、应力水平、应力路径、制样方法等。颗粒材料在静力荷载和动力荷载作用下均会发生明显的颗粒破碎,相对于静力荷载作用下发生的颗粒破碎而言,动力循环荷载作用下颗粒材料的颗粒破碎率相对较小。

颗粒破碎的最终结果是导致土体颗粒级配以及密实度发生变化,许多研究学者就颗粒破碎对土体应力应变和强度的影响规律进行了试验研究,研究结果表明[133-136]:颗粒破碎会导致颗粒材料摩擦角降低、剪缩性增加、土体变形增大;在循环荷载作用下,颗粒破碎对土体强度和剪胀性的影响与静力荷载作用的结果基本相同。

2.3.3　考虑颗粒破碎效应的本构模型

为深入研究颗粒破碎对颗粒材料力学特性的影响,近年来,许多学者建立了考虑颗粒破碎效应的本构模型,依据建模思路可分为四类[120]:①直接修正塑性硬化模量和剪胀应力比的模拟方法,如 Sun 等[137]和 Yao 等[138];②基于损伤力学引入损伤因子的模拟方法,如孙吉主和罗新文[139]、米占宽等[140];③高低围压下的分段临界状态线的模拟方法,如 Russell 和 Khalili[141]、刘恩龙等[142];④临界状态线漂移的模拟方法,如 Daouadji 等[143]、Hu 等[144]。临界状态线漂移的模拟方法是目前相对较好的建模方法,其建模思路是假设临界状态线的斜率不变,临界状态线随颗粒破碎的发生而向下移动,通过建立颗粒破碎率与临界状态线下移量的函数关系来进行表示。

试验结果表明[145]:颗粒破碎量的大小主要与输入能量有关,由于塑性功在循环载荷作用下可以累计计算,可用于动力荷载作用下循环累计颗粒破碎的描述。因此,基于塑性功原理建立的本构模型可以同时用于描述静力荷载和循环载荷过程中的累计颗粒破碎量,为建立考虑颗粒破碎效应的粗粒土的静动力本构模型提供了建模思路。

2.4　筑坝材料的临界状态研究进展

2.4.1　临界状态的定义

临界状态是 Roscoe 等[146]早期为描述黏性土的应力应变特性而提出的,是指土体在变形过程中体积应变、平均有效应力和剪应力基本不再发生变化时的极限状态。黏性土的试验结果表明:由于正常固结黏性土的平均有效应力与孔隙比之间存在一一对应的关系,达到临界状态时两者也存在一一对应的关系,在 $e\text{-}\ln p'$ 平面内,临界状态线则是一条平行于正常固结线的直线。而砂土的试验结果表明:由于砂土的固结特性与黏性土有较大区别,在 $e\text{-}p'$ 平面内并不存在唯一的正常固结线,且正常固结线之间也不相互平行,所以砂土的临界状态线与黏性土有所不同。许多本构模型都是以临界状态为基础建立土体的本构模型,因此,不能直接简单地将用于黏性土的本构模型框架直接应用到砂土之中。

临界状态的影响因素较多,如加载速率、剪切模式、初始组构、排水条件以及颗粒材料物理特性和试验条件等。Been 等[147-148]通过试验验证:加载速率对材料的临界状态影响不大,排水条件对颗粒材料的临界状态的影响也较小,不同的初始组构会对临界状态线位置产生一定影响,需要特别注意的是,颗粒材料的颗粒级配对临界状态的影响最为显著。颗粒破碎实质上就是引起材料颗粒级配的演化,进而导致其力学性质的变化。基于此,国内外一些学者[149-156]采用室内试验和数值试验探讨了不同颗粒级配含量对临界状态线的影响规律。现有研究还不够全面,特别是颗粒级配变化对临界状态线的影响规律还需进一步进行深入研究。

2.4.2 有关堆石料临界状态的探讨

2.4.2.1 p'-q 平面内的临界状态线

Roscoe 等[146]通过整理分析砂土的三轴试验结果发现,砂土在达到临界状态时的应力点落在同一直线 $q = M_{cs}p'$ 上。然而丁树云等[157]通过对堆石料的大型三轴剪切试验结果进行分析,认为由于堆石料的颗粒破碎效应较明显,其临界状态线在 p'-q 平面内呈现出非线性特点。刘恩龙等[158]通过对粗粒土进行高应力的固结排水和固结不排水常规三轴剪切试验发现,堆石料的临界状态线在 p'-q 平面和 e-$\lg p'$ 平面内均呈现出非线性特点。李罡等[159]和刘映晶等[160]采用理想颗粒材料、人工颗粒材料和天然颗粒材料,通过室内常规三轴试验和数值模拟试验分析了颗粒材料的级配变化对其应力应变和临界状态的影响规律,结果表明:在 e-p' 平面内,随着不均匀系数的增加,临界状态线往下偏移,而在 p'-q 平面内,临界状态线不随不均匀系数的改变而变化。蔡正银等[161]认为,临界状态的值与初始密度、颗粒级配和颗粒破碎有关,在 p'-q 平面内存在唯一的临界应力比,e-$(p'/p_a)^\xi$ 平面内的临界状态线基本平行。当前关于粗粒土临界状态的研究并未达成一致性的成果,因此,关于不同影响因素对临界状态的影响还需通过室内试验和数值模拟方法进一步深入探讨分析。

2.4.2.2 e-p' 平面内的临界状态线

砂土在 e-p' 平面内的临界状态线并不平行于正常固结线,黏性土在 e-p' 平面内的临界状态线也不是一条直线[162]。基于此,Manzari 和 Dafalias[149]根据颗粒材料的试验结果提出了新的临界状态形式;Muir 等[150]通过假定颗粒材料的体积存在上下限,引入新的临界状态方程;Biarze 和 Hicher[163]认为颗粒材料的临界状态与归一化的对数函数形式之间存在线性函数关系;Li 和 Wang[151]通过整理分析砂土的临界状态试验结果,认为砂土的临界状态线在 e-$(p'/p_a)^\xi$ 平面内近似为直线。常见的 e-p' 平面内临界状态线公式见表 2-4。

表 2-4　e-p' 平面内的临界状态线公式

序号	参考文献	公式
1	Schofield 和 Wroth[162]	$v = \Gamma - \lambda \ln p$
2	Manzari 和 Dafalias[149]	$e_{cs} = \Gamma - \lambda \log \left(\dfrac{p}{p_a} \right)^{\xi}$
3	Muir 等[150]	$v_{cs} = v_0 - v_G I_G + \Delta v \exp \left[- \left(\dfrac{p}{p_{ref}} \right)^{-w} \right]$
4	Biarze 和 Hicher[163]	$e_{cs} = e_{ref} - \lambda \ln \dfrac{p}{p_a}$
5	Li 和 Wang[151]	$e_{cs} = e_{ref} - \lambda \left(\dfrac{p}{p_a} \right)^{\xi}$

2.4.3　状态参数的定义

仅通过孔隙比和平均有效应力并不能确定当前砂土的状态,需要确定一个基准状态进行分析。如 Been 和 Jefferies[148]以砂土的临界状态作为参考,定义了一个新的状态参量 ψ,ψ 的含义为当前平均有效应力下的孔隙比与临界孔隙比之差,用来描述砂土的当前状态,而 Wan 和 Guo[164]则将状态参数定义为当前平均有效应力下的孔隙比与临界孔隙比的比值;Ishihara[165]基于砂土的一系列三轴不排水剪切试验结果,以孔隙比为变量提出了一个新的相对状态指数;Wang 等[166]则以当前平均有效应力与当前孔隙比对应的临界状态应力的比值进行描述;Lashkari[167]以平均有效应力的比值与相对密度的积的形式进行描述;肖杨[168]则以 Wan 和 Wang 定义的状态参数的积的形式进行描述。目前,状态参数主要是以孔隙比和平均有效应力的不同函数形式进行表述,具体见表 2-5。

表 2-5　状态参数表达式

序号	参考文献	状态参数
1	Been 和 Jefferies[148]	$\psi = e - e_{cs}$
2	Wan 和 Guo[164]	$I_e = \dfrac{e}{e_{cs}}$
3	Ishihara[165]	$I_s = \dfrac{e_0 - e}{e_0 - e_{cs}}$
4	Wang 等[166]	$I_p = \dfrac{p}{p_{cs}}$
5	Lashkari[167]	$I_{dp} = I_D \ln \dfrac{p_{cs}}{p}$
6	肖杨[168]	$I_{ep} = \dfrac{e}{e_{cs}} \cdot \dfrac{p}{p_{cs}}$

2.5 筑坝材料的剪胀特性研究进展

2.5.1 传统应力剪胀理论

能否恰当描述土体剪胀特性是建立土体弹塑性本构模型的关键所在。早期 Rowe 提出了应力剪胀理论[169]，以及原始剑桥模型和修正剑桥模型的剪胀公式，目前已被广泛应用于土体本构模型中。不同剪胀函数之间的相同点是，剪胀速率与应力比之间存在唯一的函数关系，仅仅考虑应力比的影响，没有将材料密实度这一因素考虑在内。实际上由于黏性土本身的密实度与应力之间存在一一对应的函数关系，传统的应力状态理论已经考虑密实度的函数关系，所以能够较好地描述重塑土的变形特性规律。而对于砂性土等粗粒土而言，其剪胀特性不仅与其应力状态有关，而且也与土的密实度有关，而土的密实度与应力状态之间并不存在一一对应关系。因此，传统的应力剪胀理论对于描述砂性土的剪胀特性是不恰当的，传统应力剪胀理论只适用于颗粒材料初始密实状态变化较小的情况，而对于密实状态变化较大的情况，应考虑将初始密实状态参量引入剪胀方程中。

2.5.2 状态相关剪胀理论

为准确反映砂性土的剪胀特性规律，近年来一些学者直接将孔隙比或状态参数引入剪胀方程中，建立了与状态相关的剪胀理论[170-175]。如 Manzari 和 Dafalias[176]基于临界状态理论提出了一个双屈服面的弹塑性本构模型；Cubrinovski 和 Ishihara[177]基于引入状态的概念提出了一个砂土本构模型；Gajo 和 Wood[178]基于临界状态的概念建立了一个砂土的本构模型；Wan 和 Guo[164]直接将孔隙比的比值引入剪胀方程，建立了一个状态相关的砂土本构模型；Li 和 Dafalias[179]提出了包括孔隙比和其他状态变量的剪胀方程表达式，通过对砂土变形特性的深入探讨，提出了砂土的状态相关剪胀理论，随后又对其进行了改进；孙吉主和施戈亮[180]根据钙质砂的试验结果，对剪胀函数进行了相关修正；罗刚和张建民[181]将临界孔隙比定义为平均有效应力的指数形式，将状态参数定义为孔隙比的比值，提出新的剪胀方程形式；刘萌成等[182]根据不同初始孔隙比和围压条件下堆石料的体积应变与剪应变的试验结果,拟合出体积应变和剪应变的函数式,根据关系式求导得到剪胀速率的函数关系式,再通过非线性拟合分析得到剪胀率与状态参数和应力比的关系式,从而得出剪胀方程的表达式;褚福永和朱俊高[183]通过堆石料的试验结果构造了新的剪胀方程;王占军等[184]通过引入剪胀应力比,建立了考虑颗粒破碎的剪胀应力比与应力比之间的非线性函数关系等。

2.5.3　峰值应力比和剪胀应力比的修正

为了建立材料应力应变状态的相关性,当前,主要的方法是对其峰值应力比和剪胀应力比进行修正。常见的峰值应力比和剪胀应力比表达式见表 2-6。

表 2-6　峰值应力比和剪胀应力比表达式

序号	参考文献	峰值应力比	剪胀应力比
1	Manzari 和 Dafalias[176]	$M_f = M_{cs}(1 + n_b\langle -\psi\rangle)$	$M_d = M_{cs}(1 + n_d\psi)$
2	Li 和 Dafalias[179]	$M_f = M_{cs}\exp(-n_b\psi)$	$M_d = M_{cs}\exp(n_d\psi)$
3	Wan 和 Guo[164]	$M_f = M_{cs}(e/e_{cs})^{-n_b}$	$M_d = M_{cs}(e/e_{cs})^{n_d}$
4	Wang 等[166]	$M_f = M_{cs} + n_b(I_p^{-0.5} - 1)$	$M_d = n_d + (M_{cs} - n_d)I_p$
5	Lashkari[167]	$M_f = M_{cs}(1 + n_b I_{dp})$	$M_d = M_{cs}(1 - n_d I_{dp})$
6	肖杨[168]	$M_f = M_{cs}(1 - k_b \ln I_{ep})$	$M_d = M_{cs}(1 + k_d \ln I_{ep})$

2.6　土的静动力本构模型研究进展

2.6.1　土的静力本构模型研究进展

2.6.1.1　非线性弹性模型

（1）邓肯-张模型

邓肯-张模型是由 Duncan 等[31,185]基于土的常规三轴剪切试验,假设土的应力和应变为双曲线函数关系,同时假设轴向应变和侧向应变之间也存在双曲线函数关系,从中推导出切线弹性模量和泊松比的函数关系式,但其仅适用于描述土体应力应变的硬化型曲线。在实际应用过程中发现泊松比的函数关系式存在一些不足,随后用体积压缩模量 B 代替切线泊松比 ν 进行描述,即称为

E-B 模型。

（2）K-G 模型

K-G 模型的主要特点是将球应力张量和偏应力张量分开进行考虑，分别建立球应力张量与体积应变、偏应力张量和偏应变之间的函数增量关系。这类模型的缺点是，通常需要通过等向压缩试验确定体变压缩模量 K，通过等 p 三轴试验确定剪切模量 G[186]。如：Domaschuk-Valliappan 模型、Izumi-Verruijt 模型、沈珠江模型、高莲士提出的修正 K-G 模型和成都科技大学的修正 K-G 模型等[187]。

2.6.1.2　弹塑性本构模型

（1）剑桥模型及其修正模型

剑桥模型是由英国剑桥大学罗斯科等提出的[188-189]。他们基于正常和弱超固结黏性土的排水和不排水三轴试验结果，通过引入加工硬化原理和能量方程，提出了剑桥模型，随后进行了相应修正。该模型最主要的特点是提出土体的临界状态概念。国内学者姚仰平[190]基于土的变形特性规律与物理机制，在修正剑桥模型基本框架的前提下，提出变换应力方法和统一硬化参数，并建立了能够反映土的不同力学特性的统一硬化本构模型理论体系。

（2）Lade-Duncan 弹塑性模型

Lade 与 Duncan[191-192]于 1975 年通过对砂土进行大量的真三轴试验研究，在综合分析砂土变形特性规律的基础上提出了弹塑性本构模型。该模型将土体视为加工硬化材料，认为材料服从非关联流动准则，采用塑性功硬化规律，主要特点是模型中的屈服函数通过拟合试验资料获得，主要类型有：Lade-Duncan 模型、Lade 双屈服面模型、Lade 封闭型单屈服面模型。

（3）Desai 系列弹塑性模型

Desai 和 Gallagher[193]于 1984 年提出了封闭型的单一屈服面模型，该模型具有双屈服面的一些特点，前半段采用剪切屈服面、后半段采用体积屈服面进行描述，比采用单一的剪切屈服面或体积屈服面描述更为准确；后来 Desai 和 Faruque[194]又将其发展为能够考虑非等向硬化规律、非关联流动准则，甚至可以考虑损伤软化等特性的一系列弹塑性本构模型。

（4）清华弹塑性模型

清华弹塑性模型最主要的特点是不需要假设屈服面函数和塑性势函数，而是根据试验结果确定不同应力状态下的塑性应变增量方向，然后根据相适应的流动准则确定其屈服面,再通过试验结果确定硬化参数[195]。李广信[196]将其扩展到三维应力状态空间,建立了三维弹塑性本构模型。

(5) 南水双屈服面模型

南水双屈服面模型是沈珠江[197]在邓肯-张模型和剑桥模型的基础上提出的,建议采用椭圆函数和幂函数作为两个双屈服面函数。该模型不仅能够反映土体的剪胀和剪缩特性,而且对复杂的应力状态也具有良好的适应性。

(6) 椭圆-抛物线模型

殷宗泽[198]基于土体的变形特性规律,提出了以椭圆和抛物线为两个屈服面函数的双屈服面本构模型。该模型认为土体的塑性变形主要由两部分组成:一部分与土体的压缩特性有关,另一部分与土体的剪胀特性有关。后续殷宗泽等[199]就其弹塑性矩阵进行了推导。

2.6.2　土的动力本构模型研究进展

2.6.2.1　等价黏弹性模型

等价黏弹性模型是采用黏弹性体代替弹塑性体,采用剪切模量和阻尼比这两个参数来反映土体的动应力和动应变的基本特征,并将其表示为动应变幅的函数。等价黏弹性模型主要有[200]:Hardin-Drnevich 模型、Ramberg-Osgood 模型。但是该模型也存在一些缺点:①不能计算残余变形的大小;②不能考虑应力路径对变形的影响规律;③不能反映土体各向异性的影响;④当产生较大的残余变形时误差较大。

2.6.2.2　残余变形模型

(1) 谷口荣一模型

谷口荣一模型是由日本学者 Taniguchi 等[87]根据等效地震惯性力的有限元分析方法及应力和残余变形试验的关系曲线提出的,计算参数可由常规循环三轴试验确定。国内学者贾革续和孔宪京[88]针对堆石料和砂砾料分别对谷口荣一模型进行了相应改进。谷口荣一模型的一个明显的缺点是无法考虑残余体积变形,目前较少使用。

(2) 水科院模型

水科院模型是由刘小生等[89]依据筑坝材料的试验结果提出的残余变形模型,该模型认为动剪应力和残余剪应变之间满足双曲线函数关系式,动剪应力和残余体积应变满足幂函数的关系式。

（3）沈珠江残余变形模型

沈珠江和徐刚[99]针对排水条件下堆石料的动三轴试验结果，建立了残余剪应变和残余体积应变与应力状态和振次的关系式；国内学者邹德高等[100]、凌华等[103]、朱晟和周建波[105]、傅华等[112]、王庭博等[115]对其残余变形模型进行了相应改进。

（4）其他残余变形模型

如姜朴等[201]根据动三轴试验结果，得出了残余剪应变的计算公式等。

2.6.2.3 循环弹塑性模型

（1）多面模型

Mroz[202]于1967年最早提出了土体的塑性硬化模量场理论，即在应力空间中定义一个边界面和初始屈服面。边界面是在初始加载过程中形成的最大屈服面，边界面内部存在着一系列几何相似的屈服面以一定的规则进行移动，以描述材料的非等向加载硬化特性。在硬化模量场基础上，陆续有学者提出了多面模型，为克服多面模型应力应变曲线不光滑的特点，随后将其改进为无限多面模型。Mroz等[203]、Dafalias和Popov[204]对多面模型进行简化，提出了两面模型和单面模型，单面模型即将屈服面收缩成一点，是两面模型的特殊情况。

（2）边界面模型

边界面模型是在两面模型和单面模型的基础上提出的[205-208]。基本思路：将最大加载作用下的最大屈服面当作边界面，加载面和其他屈服面以一定的规则在边界面的内部移动，不同边界面的形状以及移动规律和塑性模量的公式不同。Wang等[209]提出了描述砂土变形特性规律的边界面模型，成功地模拟了砂土的旋转剪切效应。Li[210]和张建民[211]在其本构模型的基础上，分别发展了相应的边界面本构模型。

（3）次加载面模型

次加载面模型最早是由Hashiguchi[212-213]提出的，基本思路：假设在材料正常屈服面内部存在着与其几何形状相似的次加载面，则在加载或卸载作用下，通过当前应力点相应地扩大或缩小变化，并用次加载面与正常屈服面大小的比值对塑性模量进行描述。因此，不存在所谓的纯弹性区域，塑性模量也发生连续性的变化，在加载过程中存在连续性的应力应变关系特性。

（4）广义塑性理论

在 Pastor 等[214]提出广义塑性理论的建模思路后,后续学者基于该理论建立了适用于黏性土和砂性土的 Pastor-Zienkiewicz 本构模型。广义塑性理论最主要的特点是:塑性流动方向和加载方向不需要通过定义塑性势面和加载面的函数确定,可直接确定塑性流动方向和加载方向。随后一些学者对其进行改进,并将其应用于筑坝材料的本构模型描述[215-216]。

（5）多机构理论

松冈元于 1974 年提出了多机构的基本概念,其基本思路是将材料总的塑性应变分解为三部分,并认为这三部分独立地产生三个虚构的所谓活性机构,最后将各机构所产生的塑性应变状态进行叠加,便可得到实际过程中的塑性应变状态。Iai 等[217-218]借鉴多机构理论对循环加载条件下砂土动力变形特性进行了相关描述。丰土根等[219]、刘汉龙等[220]借鉴 Iai 等提出的多重剪切机构塑性模型及其边界面模型的特点,建立了砂土的多机构边界面塑性本构模型。

（6）内蕴时间理论

Valanis 和 Lee[221-223]相继借鉴内蕴时间理论,将其用来描述非线性材料的动力变形特性规律;Bazant 和 Bhat[224]后期将其推广到岩土和混凝土材料。内蕴时间理论最重要的特点是具有一个内时参数,可用于反映土体在加载过程中的压密、体积应变、剪应变和孔压增长等变量的非线性变化规律。沈珠江也借鉴内蕴时间理论的思想将其应用于砂土的等价黏弹性模型和液化弹塑性模型建模中。

2.6.3　筑坝材料的本构模型研究进展

2.6.3.1　筑坝材料的静力本构模型

（1）E-B 模型

目前,E-B 模型在堆石坝的静力计算分析中得到广泛应用。由于 E-B 模型不能反映土体的剪胀性,一些学者对其进行改进,如张启岳和司洪洋[225]、刘萌成等[226]、罗刚和张建民[227]、张嘎和张建民[228]、田堪良等[229]、张兵等[230-231]分别采用抛物线、幂函数和多项式等函数对其体积应变的描述进行相应改进。

（2）K-G 模型

高莲士等[232]通过对土体进行多种复杂应力路径条件下的试验结果分析,

对 K-G 模型进行改进,提出了非线性的解耦 K-G 模型[233-234],能够较好地反映应力路径的影响。

(3) 南水双屈服面模型

沈珠江[197]在邓肯-张模型和剑桥模型的基础上,提出了以椭圆和幂函数为双屈服面的弹塑性本构模型。为合理反映堆石料的剪胀特性规律,一些学者对其进行了改进。如张丙印等[235]在堆石料三轴试验成果的基础上,探讨了堆石料的体积变形特性,提出了形式简洁的堆石料修正 Rowe 剪胀方程;王永明等[236]通过对等应力比三轴试验塑性应变增量方向的分析,建立了适合等应力比路径下变形特性的屈服面的关系式;王庭博等[237]基于堆石料三轴试验结果,对切线模量和切线体积比与应力状态的函数关系式进行了改进,并将其引入南水双屈服面模型中。

(4) 椭圆-抛物线模型

殷宗泽[198]基于土的变形特性规律,提出以椭圆函数和抛物线函数为屈服面的弹塑性模型,后期又对该模型进行了相应修正,以期能更准确地反映土体变形规律;史江伟等[238]、王海俊等[239]将其扩展到土石坝的流变计算分析中。

2.6.3.2 筑坝材料的动力本构模型

(1) 等价黏弹性模型

沈珠江和徐刚[99]在 Hardin-Drenevich 的等价黏弹性模型的基础上,对其进行了改进,并通过引入残余变形的计算公式,发展了针对土石坝抗震分析的等价黏弹性模型。为合理反映堆石料的残余变形特性,一些学者[100-115]就其残余变形的公式进行了改进。

(2) 真非线性模型

李万红和汪闻韶[240]于 1993 年提出了真非线性本构模型,赵剑明等[241-242]对该模型进行了扩展,并将其应用于筑坝材料的动力反应分析。但是使用该模型进行动力反应分析时只能计算残余剪应变的大小,并不能考虑残余体积应变。

(3) 广义塑性理论模型

孔亮等[243-244]基于广义塑性理论的基本框架,借鉴次加载面的思想,把椭圆-抛物线双屈服面模型扩展为次加载面循环弹塑性本构模型,并建立了相应的加卸载准则及模型参数的确定方法;陈生水等[245]、Fu 等[246]基于堆石料在等幅和不等幅应力循环荷载作用下的变形特性,通过确定不同加卸载过程中堆石料的剪胀方程、切线模量以及塑性模量的函数表达式,建立了一个基于广义塑性理论的堆石料动力本构模型;刘恩龙等[247]基于广义塑性理论,通过引入状态参数,建立了循环荷载作用下考虑颗粒破碎的堆石料本构模型,并给出了模型参数的确定方法;Liu 等[248]、Xu 等[249]、Zou 等[250]和刘京茂[251]基于广义塑性模型的基本框架,在边界面理论和临界状态理论的基础上,建立了一个适用于单调和循环荷载作用的堆石料广义塑性理论本构模型。

（4）边界面理论模型

吴兴征[252]通过对已有的砂土亚塑性边界面模型进行简化和改进,发展了适用于堆石料的亚塑性边界面模型,并提出了非线性静动力统一的分析方法,开发了适用于高混凝土面板堆石坝的静动力反应分析程序。罗刚[253]基于对粗粒土的循环扭剪试验的分析结果,认为剪切和压缩作用分别引起的体积应变和偏应变均可分为可逆性和不可逆性的八个分量,借鉴边界面理论,建立了一个新的粗粒土循环本构模型;杨光[254]借鉴王志良和罗刚的建模思路,将堆石料的应变分为八个分量分别描述,在已有边界面模型研究成果的基础上,发展了一个可合理描述复杂应力条件下堆石料变形特性的静动力弹塑性本构模型;张幸幸[255]通过对堆石料在循环荷载作用下的应力应变规律进行分析总结,建立了一个可合理反映循环变形特性的三维弹塑性本构模型,并基于开源 Opensees 程序实现了数值计算,以紫坪铺面板堆石坝为对象,合理地揭示了堆石坝的震动响应和变形特性规律。

（5）其他相关理论模型

姚仰平等[256]基于提出的统一硬化模型理论体系,借鉴次加载面理论的思想,将其扩展到适用于循环加载作用的动力 UH 模型;Prisco 和 Mortara[257]也尝试将多机构理论应用于描述堆石料在循环荷载作用下的力学行为。

综上所述,目前土的静动力本构模型已得到广泛应用,对其研究也取得了较大进展。但是目前土的动力本构模型基本上是通过室内试验结果建立经验公式,难以真实反映土的动力响应,且大多数动力本构模型都是针对砂性土提出的,关于筑坝材料的弹塑性静动力本构模型还相对较少。因此,进一步研究高应力和复杂应力条件下堆石料的变形特性,建立考虑颗粒破碎和状态的静动力统一本构模型成为当前的研究主题。

2.7　筑坝材料的试验测试技术及方法进展

2.7.1　筑坝材料的缩尺效应

由于筑坝材料的粒径较大,难以在室内直接以原始颗粒级配进行试验研究,一般需要进行缩尺处理,缩尺方法的不同将会导致试验材料的颗粒级配有所不同。为深入探讨缩尺效应对材料力学特性的影响规律,南京水利科学研究院采用相似级配法以小浪底筑坝材料为研究对象,进行了缩尺方法的探讨,得出强度参数与粒径之间的函数关系[258]。已有研究表明:缩尺后的筑坝材料可能会低估缩尺前的变形,难以准确评价高土石坝的变形。因此,筑坝材料的缩尺效应是当前高土石坝设计必须考虑的关键问题之一。

2.7.2　筑坝材料的试验设备

目前,粗粒土的强度和变形特性参数一般主要是通过室内静动力三轴试验测定的。20世纪60年代以来,尽管国内外高校已经陆续建立了一些超大型三轴试验仪,如我国大连理工大学的超大型三轴试验仪(直径为100 cm,高为205 cm,见图2-1)、墨西哥国立自治大学的超大型三轴试验仪(直径为113 cm,高为250 cm)、美国加州大学伯克利分校的超大型三轴试验仪(直径为91.4 cm,高为228.6 cm)、法国南特大学的超大型三轴试验仪(直径为100 cm,高为150 cm,见图2-2)等。其中大多数仅为静力三轴仪,仅大连理工大学的超大型三轴试验仪可进行动力试验研究。由于超大型三轴试验仪并不只是普通三轴仪尺寸的简单放大,涉及的问题相当复杂,如试验装样、橡皮膜、测试方法、加载设备等,所以至今为止有关超大型三轴试验仪详细的试验资料甚少[259]。

2.7.3　筑坝材料的数值模拟方法

堆石体在高应力和复杂应力路径条件下的室内力学特性试验存在较大困难,同时试样的缩尺效应也改变了筑坝材料的原始结构特征,所以其测得的参数并不能准确反映筑坝材料的变形和强度特性。以离散元方法为代表的不连

图 2-1　大连理工大学超大型三轴试验仪[260]

图 2-2　法国南特大学超大型三轴试验仪[260]

续分析方法,是以颗粒之间的相互接触和运动为核心,从颗粒尺度描述筑坝材料的力学特性。该方法最大的优点是数值试验模拟不受试验尺寸的限制,且能够准确分析各种影响因素对堆石体力学特性的影响规律,并易于分析筑坝材料内部结构的演化过程,一方面为研究细观变形机理提供了新的试验方法,另一方面也为筑坝材料本构模型的建立提供了试验依据[261]。

因此,以宏观室内试验和离散元细观分析相结合的方法,深入分析筑坝材料的静动力力学特性变形规律,从而系统地探讨堆石体的细观组构变化和宏观变形机制,将是当前筑坝材料试验研究的发展方向。

2.8　小结

本章主要从筑坝材料的静动力力学特性、颗粒破碎、临界状态、剪胀特性、静动力本构模型以及试验技术等方面，对其研究现状和研究进展进行了阐述。尽管目前筑坝材料的静动力特性研究已经取得一定成果，但相对于细粒土来说，关于筑坝材料等粗粒土的试验研究相对较少，仍需要对以下方面进行进一步深入研究：

（1）关于筑坝材料的静动力特性，主要是以常规三轴的应力路径为主，在其他复杂应力路径条件下筑坝材料的静动力学变形特性规律仍需进一步探讨。

（2）当前针对粗粒土的静力弹塑性本构模型研究较多，动力本构模型仍是以等价黏弹性模型为主，理论上存在明显缺陷。由于弹塑性本构模型能够较好地反映土体的应力状态并可以直接计算残余变形，在理论上更为合理。因此，建立考虑颗粒破碎及状态的堆石料静动力统一本构模型将是当前本构模型的研究方向。

（3）以室内试验和离散元单元模拟试验相结合的研究方法，分析高应力和复杂应力状态条件下筑坝材料的变形特性规律，深入揭示堆石料的变形物理机制。

因此，进一步研究高应力和复杂应力条件下堆石料的静动力工程力学特性，建立物理机制明确、模型参数容易确定的堆石料弹塑性静动力统一本构模型将是当前研究的热点课题。

第3章 堆石料的静力特性试验研究

本章在第 2 章对筑坝材料力学特性及其本构模型简要概述的基础上,以某拟建黏土心墙堆石坝的主堆石料为试验材料,采用大型多功能静动三轴试验机进行了一系列大型三轴剪切试验和其他应力路径的试验研究,分析了堆石料的强度特性、压缩特性、剪切特性、应力应变特性、颗粒破碎特性、临界状态和剪胀速率等力学特性,并探讨了其变形的物理机制,为筑坝材料静力本构模型的建立提供试验依据。

3.1 试验概况

3.1.1 试验设备

本试验是在清华大学自行研制的 2000 kN 大型多功能静动三轴试验机上完成的,该试验机可用于土体、岩石与混凝土材料的大型静动力学特性三轴试验。图 3-1 所示为清华大学 2000 kN 大型多功能静动三轴试验机及试样制备过程。该试验机轴向最大荷载为 2000 kN、最大行程为 30 cm、最大动荷载为 1000 kN,环向最大围压为 10 MPa、最大动围压为 3 MPa,试样的直径为30 cm、高为 73 cm。该试验机的主要特点是可实现轴向与环向双向静、动力组合加载,试验全过程采用计算机控制并自动采集试验数据,可实时进行试验数据的可视化处理等。

3.1.2 试验材料

试验材料为某拟建黏土心墙堆石坝的主堆石料,母岩成分为花岗岩,颗粒比重为 $G_s=2.65$,四种不同颗粒级配的堆石料的控制干密度为 2.12 g/cm³,对应的初始孔隙比为 0.25,颗粒级配含量见表 3-1。当研究不同初始孔隙比的影响时,以颗粒级配 II 含量为例,相应的四种不同初始孔隙比分别为 0.282、0.316、0.351 和 0.389,对应的控制干密度为 2.067 g/cm³、2.014 g/cm³、1.961 g/cm³和 1.908 g/cm³。

图 3-1　清华大学 2000 kN 大型多功能静动三轴试验机及试样制备过程

表 3-1　试验级配与控制指标

颗粒级配	不同粒径(mm)颗粒含量的百分数/%					级配指标	
	0～5	5～10	10～20	20～40	40～60	C_u	C_c
Ⅰ	10.2	11.2	18.7	34.2	25.7	6.1	1.4
Ⅱ	15.8	9.9	18.9	31.5	23.9	22.3	1.8
Ⅲ	20.4	11.1	19.3	29.7	19.5	29.2	2.4
Ⅳ	34.8	11.5	17.3	20.8	15.6	25.3	2.0

3.1.3　试验方案

按试验设定的控制干密度及各粒径颗粒含量,计算称取试验所需的堆石料,试样共分 5 层制备,加少许水搅拌均匀后,装料并振实到所需的高度,采用顶部抽气和水头饱和联合的方式对试样进行饱和处理。堆石料的常规三轴试验的围压分别为 300 kPa、600 kPa、900 kPa 和 1200 kPa,轴向变形达到 20% 时停止加载,采用应变控制方式,以轴向变形的速率为 2 mm/min 进行剪切;等 p 三轴试验是在试验过程中,轴向应力以每级 50 kPa 增加,稳定后再进行下一级的加载,试验过程中保持平均应力不变,当变形不稳定时立即停止加载,全程采用应力控制加载;等应力比三轴试验是在试验过程中,围压以每级 50 kPa 增加,当围压达到 1200 kPa 时停止加载;等向压缩试验是等向加载到围压为 3600 kPa 时停止加载。试验结束后,将试样进行风干筛分,统计各粒径含量,以便分析堆石料的颗粒破碎特性。详细加载方案见表 3-2。

表 3-2　堆石料的静力三轴试验方案

序号	试验类型	试验方案详细描述
1	常规三轴试验	围压分别为 300 kPa、600 kPa、900 kPa 和 1200 kPa
2	等 p 三轴试验	p 分别为 300 kPa、600 kPa、900 kPa 和 1200 kPa
3	等应力比三轴试验	$K=\sigma_1/\sigma_3$,分别为 1.5、2.0、2.5 和 3.0
4	等向压缩试验	围压加载到 3600 kPa,稳定后卸载

在等应力比三轴应力状态中,令:

$$K=\frac{\sigma_1}{\sigma_3} \tag{3-1}$$

则剪应力比 η 为:

$$\eta=\frac{q}{p}=\frac{3(\sigma_1-\sigma_3)}{\sigma_1+2\sigma_3}=\frac{3(K-1)}{K+2} \tag{3-2}$$

3.2　试验结果分析与探讨

3.2.1　堆石料的强度特性

已有的试验研究表明[245]:堆石料的峰值摩擦角 φ_f 随着围压 σ_3 的增加而降低,且与围压 σ_3 的归一化对数函数具有良好的线性函数关系,可用式(3-3)表示:

$$\varphi_f=\varphi_{f0}-\Delta\varphi_f\log\left(\frac{\sigma_3}{p_a}\right) \tag{3-3}$$

式中　φ_f——峰值摩擦角;

　　　p_a——大气压力;

　　　φ_{f0}——围压 $\sigma_3=p_a$ 时的峰值摩擦角;

　　　$\Delta\varphi_f$——围压 σ_3 增加一个数量级时峰值摩擦角降低的幅值。

陈生水等[245]定义体积应变由剪缩变为剪胀时对应的摩擦角为剪胀摩擦角 φ_d,通过分析多种堆石料的试验结果发现,剪胀摩擦角 φ_d 与峰值摩擦角 φ_f 类似,也随着围压的增加而降低,可用相似的关系式进行描述。本章定义临界状态时的摩擦角为临界状态摩擦角 φ_{cs},剪胀摩擦角 φ_d 和临界状态摩擦角 φ_{cs} 分别可用式(3-4)和式(3-5)表示:

$$\varphi_d = \varphi_{d0} - \Delta\varphi_d \log\left(\frac{\sigma_3}{p_a}\right) \tag{3-4}$$

$$\varphi_{cs} = \varphi_{cs0} - \Delta\varphi_{cs} \log\left(\frac{\sigma_3}{p_a}\right) \tag{3-5}$$

式中，φ_{d0}、$\Delta\varphi_d$ 和 φ_{cs0}、$\Delta\varphi_{cs}$ 分别是对应的参数，代表的含义与式（3-3）相同。

图 3-2 所示是初始孔隙比 $e_0=0.282$ 的堆石料试验结果。由图 3-2 可以看出，峰值摩擦角 φ_f、剪胀摩擦角 φ_d 和临界状态摩擦角 φ_{cs} 均随着围压的半对数值的增加而减小，均可用半对数的函数形式进行描述。

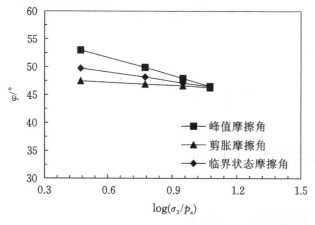

图 3-2　初始孔隙比 $e_0=0.282$ 的堆石料摩擦角与围压的关系

3.2.2　堆石料的压缩特性

图 3-3 所示为初始孔隙比 $e_0=0.282$ 的堆石料等向压缩试验结果。

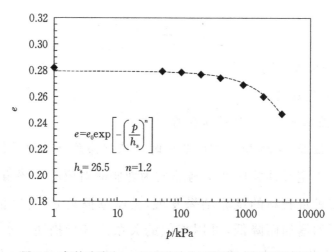

图 3-3　初始孔隙比 $e_0=0.282$ 的堆石料等向压缩试验结果

正常固结黏土的压缩曲线为双线性曲线,由图 3-3 可知,堆石料等向压缩曲线与正常固结黏土的压缩曲线有所不同,这是由堆石料在压缩作用下发生的颗粒破碎所致。当平均应力 p 较小时,压缩曲线的斜率较小,颗粒破碎不明显;当平均应力 p 较大时,颗粒破碎较多,曲线发生较大弯曲。堆石料在 $e\text{-}\ln p$ 平面内的压缩曲线可采用式(3-6)来描述[262-268]:

$$e = e_0 \exp\left[-\left(\frac{p}{h_s}\right)^n\right] \tag{3-6}$$

式中　e——当前孔隙比;

　　　e_0——初始孔隙比;

　　　h_s——固相硬度;

　　　n——材料参数;

　　　p——平均应力。

陈生水等[265]通过式(3-6)推导出的等向压缩参数 λ,可采用式(3-7)来描述:

$$\lambda = ne\left(\frac{p}{h_s}\right)^n = n\left[e_0 - (1+e_0)\varepsilon_v\right]\left(\frac{p}{h_s}\right)^n \tag{3-7}$$

由式(3-7)可以看出,λ 与当前孔隙比和平均有效应力有关。通过对试验资料的回归分析确定:$h_s = 26.5$, $n = 1.2$。

3.2.3　堆石料的剪切特性

图 3-4 所示是初始孔隙比 $e_0 = 0.282$ 的堆石料峰值应力比 M_f、剪胀应力比 M_d 和临界状态应力比 M_{cs} 在 $p\text{-}q$ 平面内的关系曲线。由图 3-4 可以看出,堆石料的颗粒破碎导致峰值应力比 M_f 在 $p\text{-}q$ 平面内呈下弯趋势,具有明显的强度非线性特性;颗粒破碎导致剪胀应力比 M_d 在 $p\text{-}q$ 平面内呈上弯趋势,也具有明显的非线性特征。结合试验结果可知,峰值应力比 M_f 和剪胀应力比 M_d 可用式(3-8)和式(3-9)进行描述[269-273]:

$$M_f = M_{cs}\left(\frac{p}{p_c}\right)^{-n} \tag{3-8}$$

$$M_d = M_{cs}\left(\frac{p}{p_c}\right)^n \tag{3-9}$$

式中　M_{cs}——临界状态应力比;

　　　p_c——参考破碎应力;

　　　n——材料参数。

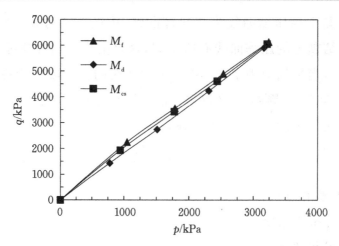

图 3-4 $p\text{-}q$ 平面内 M_f、M_d 和 M_{cs} 的关系曲线

牛玺荣等[274]基于花岗岩风化土的三轴试验结果,对上述公式进行修正。刘萌成等[182]通过对堆石料的抗剪强度进行统计回归分析,得出堆石料的抗剪强度在 $p\text{-}q$ 平面内的近似关系式为:

$$q_f = M_{cs} p_a \left(\frac{p}{p_a}\right)^{\frac{3}{4}} \tag{3-10}$$

式中 q_f——峰值剪应力;

       M_{cs}——临界状态应力比;

       p_a——大气压力。

基于已有的试验结果,在牛玺荣等[274]修正的关系式的基础上,进一步将式(3-8)和式(3-9)修正为幂函数的表达式,来描述峰值应力比 M_f 和剪胀应力比 M_d 的非线性变化规律,即:

$$M_f = M_{cs} \left(\frac{p}{p_c}\right)^{-n_b} \tag{3-11}$$

$$M_d = M_{cs} \left(\frac{p}{p_c}\right)^{n_d} \tag{3-12}$$

通过拟合可得: $M_{cs} = 1.82$, $n_b = 0.0016$, $n_d = 0.0021$, $p_c = 712.8$。

3.2.4 堆石料的应力应变特性

3.2.4.1 常规三轴试验

(1)变形特性试验结果

图 3-5 所示为初始孔隙比 $e_0 = 0.282$ 的不同围压的试验结果。由图 3-5(a)可以看出,当初始孔隙比相同时,随着剪应力增加,当围压较低时,应力应变关

系表现为应变软化现象(如 $\sigma_3 = 300$ kPa 时);随着围压的增加,其应力应变表现为应变硬化现象(如 $\sigma_3 = 1200$ kPa 时)。由图 3-5(b)可以看出,体积应变在初始阶段表现为剪缩现象,随着轴向应变的增加,围压较低时,体积应变由剪缩转为剪胀现象(如 $\sigma_3 = 300$ kPa 时);随着围压的增加,体积应变仅发生剪缩现象(如 $\sigma_3 = 1200$ kPa 时)。

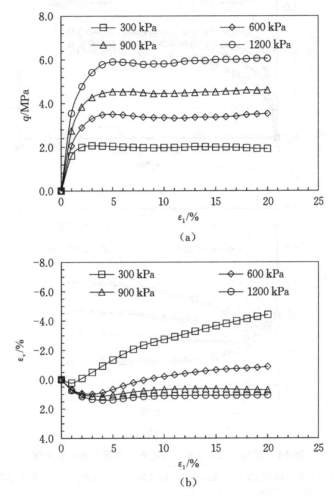

图 3-5　初始孔隙比 $e_0 = 0.282$ 的堆石料常规三轴试验结果

(a)剪应力 q 与轴向应变 ε_1 的关系曲线;(b)体积应变 ε_v 与轴向应变 ε_1 的关系曲线

(2) 应力应变关系分析

图 3-6 所示为试验围压 $\sigma_3 = 900$ kPa 的不同初始孔隙比的试验结果。由图 3-6(a)可以看出,在围压相同的条件下,当初始孔隙比较小时,应力应变关系表现为应变软化现象(如 $e_0 = 0.282$ 时);随着初始孔隙比的增加,应力应变仅发生应变硬化现象(如 $e_0 = 0.389$ 时)。由图 3-6(b)可以看出,当初始孔隙比较低

时,在初始阶段体积应变发生剪缩现象,随着轴向应变的增加,体积应变由剪缩转为剪胀现象(如 $e_0 = 0.282$ 时);当初始孔隙比较高时,体积应变仅发生剪缩现象(如 $e_0 = 0.389$ 时)。

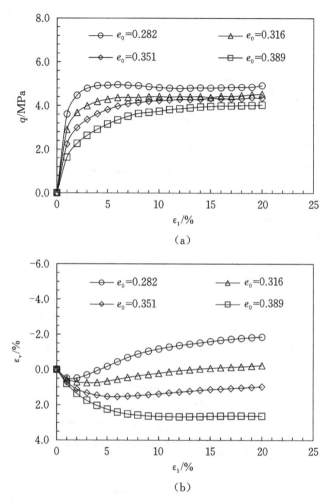

(a)

(b)

图 3-6   围压 $\sigma_3 = 900$ kPa 的堆石料常规三轴试验曲线

(a)剪应力 q 与轴向应变 ε_1 的关系曲线;(b)体积应变 ε_v 与轴向应变 ε_1 的关系曲线

3.2.4.2   等 p 三轴试验

(1)变形特性试验结果

图 3-7 所示为初始孔隙比 $e_0 = 0.282$ 的堆石料等 p 三轴试验结果。由图 3-7(a)可以看出,堆石料在等 p 三轴应力路径下的应力应变关系曲线和常规三轴应力路径下的关系曲线的形状和规律基本相似。即随着轴向应变的增加,其剪应力也增加,当平均应力 p 较低时,试样表现为较弱的应变软化现象;随着平均应力 p 的增加,其应力应变关系曲线表现为应变硬化现象。由图 3-7(b)

可以看出,在开始阶段仅发生少量的剪缩现象,随着轴向应变的增加,试样很快发生剪胀现象;当平均应力 p 较小时,试样的剪缩性较小,随着平均应力 p 的增加,试样初期表现出的剪缩性有所增加。与常规三轴试验结果进行对比可知,随着轴向应变的增加,等 p 三轴试验的试样更易发生剪胀现象。

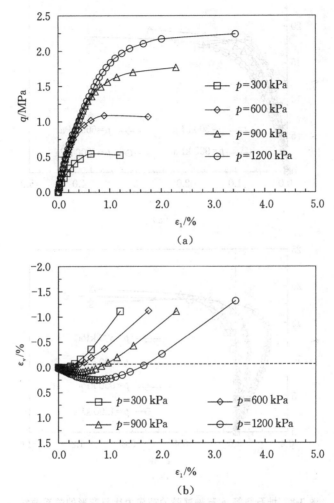

图 3-7　初始孔隙比 $e_0 = 0.282$ 的堆石料等 p 三轴试验结果

(a)剪应力 q 与轴向应变 ε_1 的关系曲线;(b)体积应变 ε_v 与轴向应变 ε_1 的关系曲线

(2)应力应变关系分析

由于在等 p 三轴试验过程中平均应力 p 保持不变,则产生的变形主要是由剪应力比 η 的变化引起的。图 3-8 所示为等 p 三轴试验中剪应力比 η 与变形的关系曲线。由图 3-8(a)可以看出,在剪切的初始阶段,剪应力比 η 增长速率较大,随着剪应变的增加,剪应力比 η 的增长速率减小,最后趋于一常数;当剪应变相同时,平均应力 p 越大,所需的剪应力比 η 越小。由图 3-8(b)可以看出,在剪切的初始阶段,体积应变发生剪缩现象,随着剪应力比的增加,土体很快从剪缩状态转变为剪胀状态,且随着平均应力 p 的增加,剪缩体积应变增加,后期剪应力比 η 基本趋于一常数。

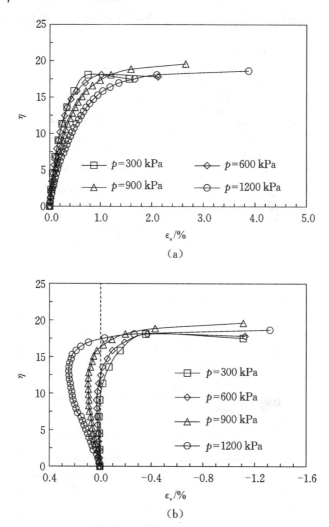

图 3-8　堆石料等 p 三轴试验的剪应力比与变形的关系曲线

(a)剪应力比 η 与剪应变ε_s 的关系曲线;(b)剪应力比 η 与体积应变ε_v 的关系曲线

3.2.4.3　等应力比三轴试验

(1) 变形特性试验结果

图 3-9 所示为初始孔隙比 $e_0=0.282$ 的堆石料等应力比三轴试验结果。由图 3-9(a)可以看出:①等应力比路径下堆石料应力应变关系曲线与常规三轴应力路径有较大不同,说明应力路径对堆石料的应力应变关系影响较大;②随着轴向应变的增加,剪应力的增长速率增加,即在同一应力比作用下,试样的剪应

力增长速率随轴向应变的增加而逐渐增加;③在剪应力相同的条件下,随着应力比 q/p 的增加,轴向应变也增加。由图 3-9(b)可以看出:①堆石料在等应力比条件下的体积应变与常规三轴应力路径具有较大差别,随着轴向应变的增加,体积应变增长速率逐步减小;②在等应力比条件下,堆石料不发生剪胀现象,试样始终处于压缩状态,而当轴向应变相同时,体积应变随着应力比的增加而减小。

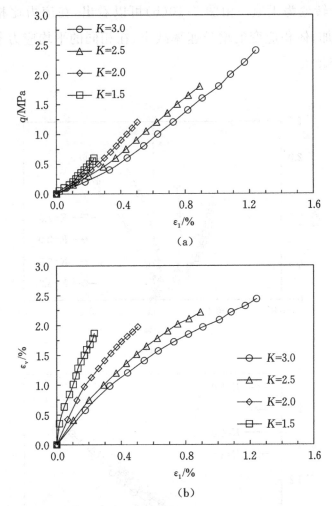

图 3-9　初始孔隙比 $e_0=0.282$ 的堆石料等应力比三轴试验结果

(a)剪应力 q 与轴向应变 ε_1 的关系曲线;(b)体积应变 ε_v 与轴向应变 ε_1 的关系曲线

(2) 应力应变关系分析

由于在等应力比路径作用过程中应力比 q/p 保持不变,变形主要是由平均应力 p 的变化产生的。图 3-10 所示为堆石料等应力比三轴试验的平均应力与变形的关系曲线。由图 3-10(a)可以看出,随着应力比的增加,剪应变逐步由负值转为正值,即发生方向的变化,这是由堆石料的各向异性造成的;当不考虑土的各向异性时,等向固结时理论上轴向应变为体积应变的三分之一,剪应变为零,随着固结应力比的增加,轴向应变增加,体积应变减小,剪应变为正值;而在处于实际状态考虑初始各向异性时,轴向的杨氏模量大于侧向的杨氏模量,即轴向变形小于侧向变形,所以等向固结状态时的剪应变为负值,随着应力比的增加,剪应变转变为正值。由图 3-10(b)可以看出,在应力比相同时,随着平均应力 p 的增加,体积应变的增长速率减小;在相同的平均应力条件下,应力比越大,体积应变越大。

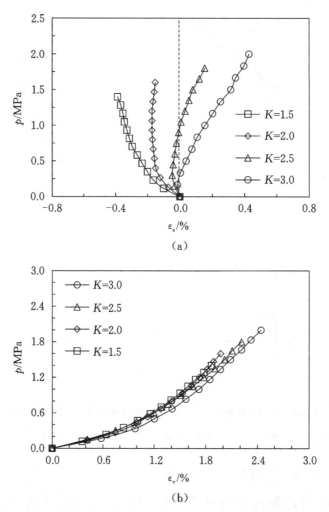

图3-10　堆石料等应力比三轴试验的平均应力与变形的关系曲线

(a)平均应力 p 与剪应变 ε_s 的关系曲线;(b)平均应力 p 与体积应变 ε_v 的关系曲线

3.2.5　堆石料的颗粒破碎特性

3.2.5.1　颗粒破碎指标探讨

颗粒材料的颗粒破碎评价指标主要有两大类:单一性破碎指标、全局性破碎指标。已有的试验结果表明[275],高堆石坝的堆石料具有良好的分形特性,采用 Tyler 提出的分形特征的质量分形模型,并借鉴 Einav 的颗粒破碎指标 B_{rE} 的思路,提出新的颗粒破碎指标:

$$B_D = \frac{D - D_0}{D_u - D_0} \tag{3-13}$$

式中　B_D——颗粒破碎率,$0 \leqslant B_D \leqslant 1$;

　　　D_0——试验初始级配的分形维数;

　　　D——当前级配的分形维数;

　　　D_u——极限级配的分形维数。

该颗粒破碎指标能够较全面、充分地反映堆石料级配的整体平均特性,无须计算面积,计算较为简单。难点在于极限颗粒级配分形维数的确定,目前有两种测定方法:①采用图像法测试堆石料的分形维数;②将较高应力作用下堆石料的颗粒级配当作极限颗粒级配进行计算。此处以高于试验最大围压 2 倍的压力进行剪切试验的最终级配进行计算,以初始孔隙比 $e_0 = 0.282$ 堆石料的试验结果为例进行颗粒破碎率 B_D 的探讨。

图 3-11 所示为堆石料的颗粒破碎率 B_D 与围压 σ_3 的关系曲线。由图 3-11 可看出,随着围压 σ_3 的增加,颗粒破碎率 B_D 增加,且增长速率有所降低。

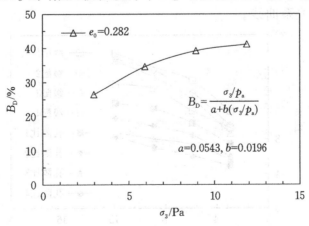

图 3-11　颗粒破碎率 B_D 与围压 σ_3 的关系曲线

图 3-12 所示为颗粒破碎率 B_D 与塑性功 W_p 的关系曲线。由图 3-12 可看出,随着颗粒破碎率 B_D 的增加,塑性功 W_p 也增加,且其增长速率降低。

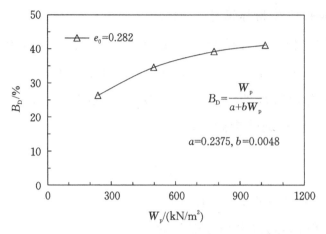

图 3-12 颗粒破碎率 B_D 与塑性功 W_p 的关系曲线

综上可知,颗粒破碎率 B_D 与围压 σ_3 的归一化和塑性功 W_p 均满足双曲线函数关系。

当前具有分形分布的极限级配曲线仅是概念上的推演,尚未得到更多的试验验证。由于 Hardin 定义的相对颗粒破碎率 B_r 是基于整条级配曲线的颗粒破碎指标要优于基于某一粒组百分含量变化的指标,虽然需要计算面积,较为复杂,但在大量的试验中得到广泛应用,因此本节以下部分以 Hardin 定义的相对颗粒破碎率 B_r 进行探讨。

3.2.5.2 相对颗粒破碎率与围压的关系

图 3-13 所示为不同颗粒级配和初始孔隙比的堆石料的相对颗粒破碎率 B_r 与围压 σ_3 的关系曲线。

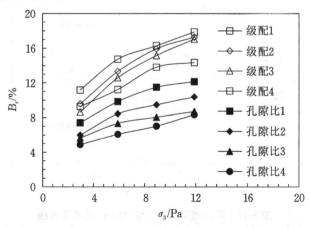

图 3-13 相对颗粒破碎率 B_r 与围压 σ_3 的关系曲线

由图 3-13 可知,随着围压的增加,相对颗粒破碎率增加且增长速率降低。刘汉龙等[134]基于试验结果进行拟合分析发现可用双曲线函数对两者进行拟合,即:

$$B_r = \frac{\sigma_3/p_a}{a + b(\sigma_3/p_a)} \qquad (3-14)$$

式中　a,b——拟合参数。

为深入研究相对颗粒破碎率 B_r 随围压 σ_3 的变化关系,可对上述双曲线关系进行整理,见图 3-14。由图 3-14 可看出,$(\sigma_3/p_a)/B_r$ 与 σ_3/p_a 的函数关系基本呈一条直线,具有良好的线性关系,即说明相对颗粒破碎率 B_r 与围压 σ_3 的归一化关系可用双曲线函数表示。

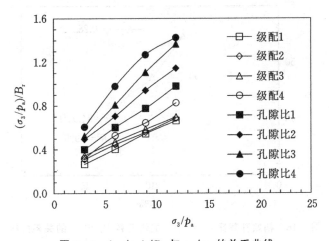

图 3-14　$(\sigma_3/p_a)/B_r$ 与 σ_3/p_a 的关系曲线

3.2.5.3　相对颗粒破碎率与峰值摩擦角的关系

图 3-15 所示为不同颗粒级配与初始孔隙比的堆石料的相对颗粒破碎率 B_r 与峰值摩擦角 φ_f 的关系曲线。

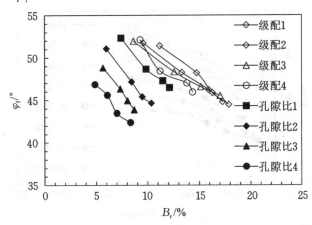

图 3-15　相对颗粒破碎率 B_r 与峰值摩擦角 φ_f 的关系曲线

郭熙灵[40]、刘汉龙等[134]认为,峰值摩擦角 φ_f 与相对颗粒破碎率 B_r 之间的关系可用下式表示:

$$\varphi_f = cB_r^{-d} \tag{3-15}$$

式中　φ_f——峰值摩擦角;

　　　c,d——与材料有关的材料参数。

图 3-16 所示是初始孔隙比 $e_0 = 0.282$ 的堆石料 B_r 与 φ_f 的关系曲线,对试验结果进行拟合分析可知:$c = 84.02$,$d = 0.237$,$R^2 = 0.996$。即说明峰值摩擦角 φ_f 与相对颗粒破碎率 B_r 的关系可用幂函数表示。

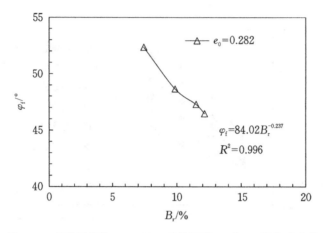

图 3-16　初始孔隙比 $e_0 = 0.282$ 的堆石料 B_r 与 φ_f 的关系曲线

3.2.5.4　相对颗粒破碎率与塑性功的关系

已有的研究表明[145]:粗粒料的颗粒破碎率的大小与输入的塑性功有关,且呈现良好的双曲线关系。图 3-17 所示为常规三轴剪切试验的 B_r 与 W_p 的关系曲线。

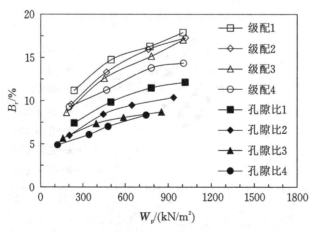

图 3-17　常规三轴试验的 B_r 与 W_p 的关系曲线

由图 3-17 可看出，B_r 与 W_p 之间的关系也可采用双曲线函数表示，具体函数见式(3-16)和式(3-17)：

$$B_r = \frac{W_p}{a + bW_p} \tag{3-16}$$

$$W_p = \int p \langle d\varepsilon_v^p \rangle + q \, d\varepsilon_s^p \tag{3-17}$$

式中　　B_r——Hardin 定义的相对颗粒破碎率；

　　　　a，b——材料参数；

　　　　W_p——塑性功；

　　　　p——平均应力；

　　　　q——广义剪应力；

　　　　$d\varepsilon_v^p$——塑性体积应变增量；

　　　　$d\varepsilon_s^p$——塑性偏应变增量。

其中，函数 $\langle x \rangle$ 的定义为：当 $x < 0$ 时，$\langle x \rangle = 0$；当 $x > 0$ 时，$\langle x \rangle = x$。

图 3-18 所示为初始孔隙比 $e_0 = 0.282$ 的常规三轴试验、等 p 三轴试验和等应力比三轴试验三种不同应力路径下堆石料的相对颗粒破碎率 B_r 与塑性功 W_p 的关系曲线。由图 3-18 可以看出，不同应力路径对堆石料塑性功与相对颗粒破碎率的关系影响不大，均可以用双曲线函数表示。

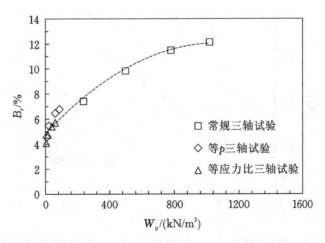

图 3-18　不同应力路径下堆石料的 B_r 与 W_p 的关系曲线

3.2.6　堆石料的临界状态

3.2.6.1　p-q 平面

图 3-19 所示为不同颗粒级配和初始孔隙比的堆石料临界状态点在 p-q 平面内的关系曲线。由图 3-19 可以看出，不同颗粒级配和初始孔隙比的堆石料临界状态点近似地呈线性变化，可用 $q=M_{cs}p$ 的关系式表示。

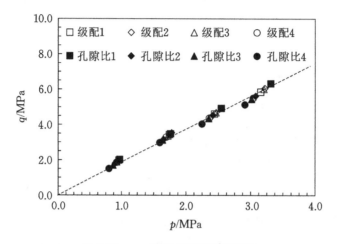

图 3-19　p-q 平面内的临界状态线

图 3-20 所示为初始孔隙比 $e_0=0.282$ 的堆石料在 p-q 平面内的临界状态线，$M_{cs}=1.82$。

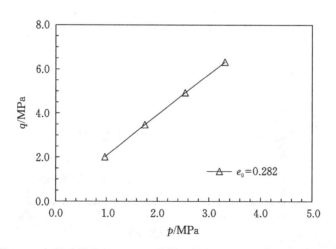

图 3-20　初始孔隙比 $e_0=0.282$ 的堆石料在 p-q 平面内的临界状态线

3.2.6.2　$e\text{-}(p/p_a)^\xi$ 平面

Li 和 Wang[151]发现,砂土的临界状态线在 $e\text{-}\ln p$ 平面内并不是直线,与黏土有较大差别。基于试验结果的分析,笔者认为采用指数函数形式的临界状态线与砂土的试验数据拟合较好,指数函数见式(3-18):

$$e_{cs} = e_{cs0} - \zeta \left(\frac{p}{p_a}\right)^\xi \tag{3-18}$$

式中　e_{cs0}——$p=0$ 时的孔隙比;

$\quad\quad e_{cs}$——当前平均应力 p 对应的临界孔隙比;

$\quad\quad \zeta,\xi$——模型参数,其中 ζ 通常取 0.7;

$\quad\quad p_a$——大气压力。

此处定义 e_{cs0} 为参考临界孔隙比,主要控制临界状态线的位置变化。对于堆石料等易发生颗粒破碎的材料,颗粒破碎导致临界状态线发生漂移主要通过 e_{cs0} 的变化来实现。

图 3-21 所示为不同颗粒级配和初始孔隙比的堆石料的临界孔隙比 e_{cs} 与 $(p/p_a)^\xi$ 的关系曲线。由图 3-21 可以看出,临界孔隙比 e_{cs} 随着平均应力 p 的增加逐步偏离直线,这是堆石料的颗粒破碎所致。

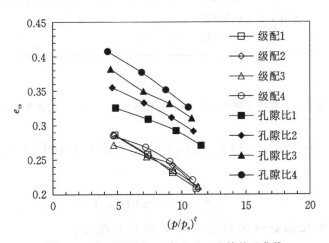

图 3-21　临界孔隙比 e_{cs} 与 $(p/p_a)^\xi$ 的关系曲线

图 3-22 所示为初始孔隙比 $e_0 = 0.282$ 的堆石料的临界孔隙比 e_{cs} 与 $(p/p_a)^\xi$ 的关系曲线。借鉴 Daouadji 等[143]关于临界状态线漂移的建模思路,确定参考临界孔隙比 e_{cs0}。

图 3-23 所示为初始孔隙比 $e_0 = 0.282$ 的堆石料的参考临界孔隙比 e_{cs0} 与相对颗粒破碎率 B_r 的关系曲线。

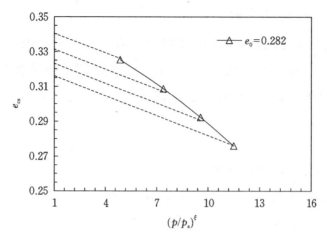

图 3-22　初始孔隙比 $e_0=0.282$ 的堆石料的 e_{cs} 与 $(p/p_a)^\xi$ 的关系曲线

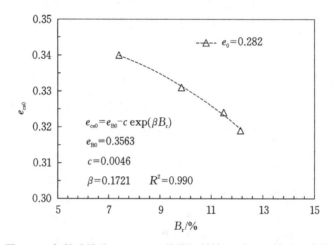

图 3-23　初始孔隙比 $e_0=0.282$ 的堆石料的 e_{cs0} 与 B_r 的关系曲线

由图 3-23 可看出，e_{cs0} 与 B_r 之间存在良好的指数函数关系，可用式（3-19）表示：

$$e_{cs0}=e_{B0}-c\exp(\beta B_r) \tag{3-19}$$

式中　e_{B0}——颗粒初始级配对应的参考临界孔隙比；

　　　　c，β——材料参数。

3.2.7　堆石料的剪胀特性

3.2.7.1　常规三轴剪切试验

图 3-24 所示为不同初始孔隙比和围压条件下堆石料的剪胀速率 D^p 与应力比 η 的关系曲线。

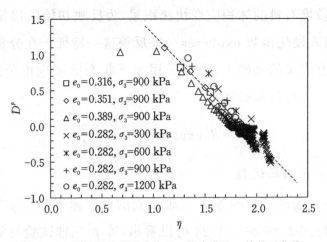

图 3-24　堆石料的剪胀速率 D^p 与应力比 η 的关系曲线

由图 3-24 可知,当应力比较小时,剪胀速率与应力比呈非线性关系;随着应力比的增加,剪胀速率与应力比呈较好的线性关系;当应力比超过剪胀应力比后,剪胀速率线发生转向,如图 3-25 所示。不同围压和孔隙比条件下堆石料的剪胀速率和应力比的关系曲线斜率大小基本相同,这说明围压和初始孔隙比对其斜率的影响较小,可采用以下形式的剪胀方程表示[170]:

$$D^p = d_0\left(1 - \frac{\eta}{M_d}\right) \tag{3-20}$$

式中　　D^p——剪胀速率,$D^p = d\varepsilon_v^p / d\varepsilon_s^p$;

　　　　d_0——材料常数;

　　　　M_d——剪胀应力比;

　　　　η——应力比。

图 3-25　围压 $\sigma_3 = 600$ kPa 的堆石料的剪胀速率 D^p 与应力比 η 的部分关系曲线

在初始阶段堆石料的体积应变快速积累,为反映初始阶段累积的塑性变形的合理性,可引入硬化函数 $\exp(-\alpha\varepsilon_v^p)$ 来反映这一特征。在分析三轴试验结果和总结已有研究成果的基础上,建议采用如下状态剪胀理论公式进行描述(在第 6 章中将对其进行初步验证):

$$D^p = d_0 \exp(-\alpha\varepsilon_v^p)\left(1 - \frac{\eta}{M_d}\right) \qquad (3-21)$$

3.2.7.2 等 p 三轴试验

图 3-26 所示为堆石料的等 p 三轴试验的剪胀速率 D^p 与应力比 η 的关系曲线。对比分析图 3-26 和图 3-24 可以看出,等 p 三轴试验与常规三轴试验的剪胀关系基本一致,在较小剪应力阶段,呈明显的非线性关系;随着剪应力的增加,剪胀速率与剪应力比呈线性关系。

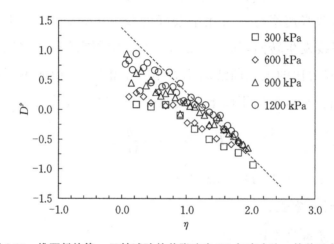

图 3-26 堆石料的等 p 三轴试验的剪胀速率 D^p 与应力比 η 的关系曲线

3.2.8 堆石料的状态参数

堆石料的状态参数采用 Been 和 Jefferies[148]建议的公式:

$$\psi = e - e_{cs} \qquad (3-22)$$

图 3-27 和图 3-28 所示分别为堆石料峰值应力比 M_f 和剪胀应力比 M_d 与状态参数 ψ 的关系曲线。由图 3-27 和图 3-28 可以看出,在不同的初始孔隙比和围压条件下,$\ln(M_f/M_{cs})$ 和 $\ln(M_d/M_{cs})$ 分别与状态参数 ψ 具有良好的线性关系。堆石料的峰值应力比 M_f 和剪胀应力比 M_d 可以采用 Li 和 Dafalias[179]建议的公式表示,即:

$$\left.\begin{array}{l}M_{f}=M_{cs}\exp(-n_{b}\psi)\\ M_{d}=M_{cs}\exp(n_{d}\psi)\end{array}\right\} \tag{3-23}$$

式中　M_{f}——峰值应力比；

　　　M_{d}——剪胀应力比；

　　　M_{cs}——临界状态应力比；

　　　n_{b}，n_{d}——状态参数。

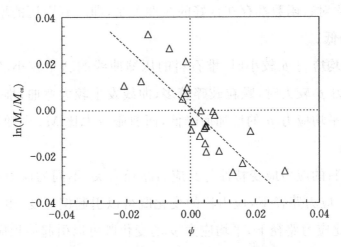

图 3-27　$\ln(M_{f}/M_{cs})$ 与状态参数 ψ 的关系曲线

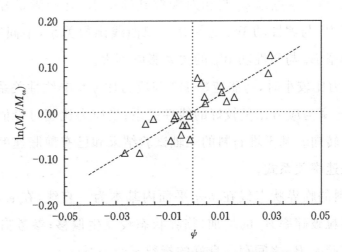

图 3-28　$\ln(M_{d}/M_{cs})$ 与状态参数 ψ 的关系曲线

3.3 小结

本章采用大型多功能静动三轴试验机对堆石料进行了一系列不同应力路径的静力三轴试验,研究堆石料的强度特性、压缩特性、剪切特性、应力应变特性、颗粒破碎特性、临界状态和剪胀速率等力学特性,结果表明:

（1）堆石料的峰值摩擦角 φ_f、剪胀摩擦角 φ_d 和临界状态摩擦角 φ_{cs} 与其围压 σ_3 的归一化对数函数都存在良好的线性关系,即随着围压的增加,三者均有不同程度的降低。

（2）当平均应力 p 较小时,堆石料的压缩曲线的斜率较小,颗粒破碎不明显;当平均应力 p 较大时,颗粒破碎较多,曲线发生较大弯曲;堆石料的峰值应力比 M_f 随着平均应力 p 的增加而降低,而剪胀应力比 M_d 则随着平均应力 p 的增加而增加。

（3）堆石料的应力应变特性与其应力路径有关,不同的应力路径对其影响较大。在等 p 应力路径下,应力比的变化既可以引起偏应变,也可引起体积应变;在等应力比应力路径下,平均应力 p 的变化既可以引起体积应变,也可以引起偏应变。

（4）堆石料的相对颗粒破碎率 B_r 与围压 σ_3 的归一化之间存在良好的双曲线函数关系,峰值摩擦角 φ_f 与相对颗粒破碎率 B_r 之间满足幂函数关系,相对颗粒破碎率 B_r 与塑性功 W_p 之间存在双曲线函数关系,不同应力路径对其相对颗粒破碎率 B_r 与塑性功 W_p 的关系影响不大。

（5）当应力比较小时,剪胀速率 D^p 与应力比 η 呈非线性关系;随着应力比的增加,剪胀速率与应力比呈较好的线性关系;当应力比超过峰值应力比后,剪胀速率线发生转向。基于堆石料的三轴试验结果和已有剪胀速率关系式,提出了相关的剪胀速率关系式。

（6）堆石料的临界状态线在 p-q 平面内基本为一直线,在 e-$(p/p_a)^\xi$ 平面内随着相对颗粒破碎率 B_r 的增加,临界状态线发生偏移;参考临界孔隙比 e_{cs0} 与相对颗粒破碎率 B_r 之间存在良好的指数函数关系。

第4章 堆石料的动力特性试验研究

为进一步探讨筑坝材料的动力特性规律,本章以第3章所述堆石料为试验材料,在等幅循环荷载和不规则循环荷载作用下,分别进行常规三轴循环加载、偏应力循环加载和球应力循环加载三种不同应力路径作用下堆石料的动力变形特性试验研究,探讨了不同应力条件下堆石料的体积应变和偏应变的发展规律及其变形机理,以及颗粒破碎和剪胀速率等力学特性,为堆石料动力本构模型的建立提供试验依据。

4.1 试验概况

4.1.1 试验材料

试验材料仍以第3章所叙述堆石料为研究对象,详细力学参数参见第3.1.2小节。本章仅以颗粒级配Ⅱ含量为例,初始孔隙比为0.282,相应的控制干密度为2.067 g/cm³,进行堆石料的动力特性试验研究。

4.1.2 试验方法

试样固结完毕后,按试验方案的具体要求分别对试样的轴向和侧向施加相应的动应力进行试验。等幅循环荷载是以正弦波的方式加载,三种不规则循环荷载的具体形式见图4-1。

常规三轴循环加载试验是在加载过程中保持围压不变,仅在轴向进行动应力加载;偏应力循环加载试验是采用轴向和侧向动应力反向同步加载的方式,试验过程中保持平均应力 p 不变,即 $\Delta\sigma_3 = -0.5\Delta\sigma_1$;球应力循环加载试验是采用轴向和侧向同步加载的方式,试验过程中保持剪应力比 η 不变,即 $\Delta\sigma_1 = K_c \cdot \Delta\sigma_3$。

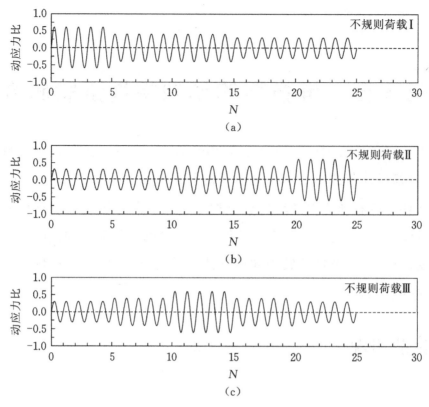

图 4-1　三种不规则循环荷载的形式

(a)不规则荷载Ⅰ;(b)不规则荷载Ⅱ;(c)不规则荷载Ⅲ

在三轴应力状态中,σ_1 和 ε_1 分别为轴向的应力和应变,σ_2、σ_3 和 ε_2、ε_3 分别为侧向的应力和应变,且 $\sigma_2=\sigma_3$,$\varepsilon_2=\varepsilon_3$,球应力 $p=(\sigma_1+\sigma_2+\sigma_3)/3$,偏应力 $q=\sigma_1-\sigma_3$,体积应变 $\varepsilon_v=\varepsilon_1+\varepsilon_2+\varepsilon_3$,偏应变 $\varepsilon_s=\varepsilon_1-\varepsilon_v/3$。常规三轴循环加载试验时的动应力为 $\sigma_d=\sigma_{1d}$,偏应力循环加载试验时的动应力为 $\sigma_d=\sigma_{1d}-\sigma_{3d}$,球应力循环加载试验时的动应力为 $\sigma_d=(\sigma_{1d}+\sigma_{2d}+\sigma_{3d})/3$。在偏应力循环加载和球应力循环加载过程中,由于围压变化较大,膜嵌入量对试验结果影响较大,本试验采用张丙印等[276]建议的经验公式进行膜嵌入量的修正。

4.1.3　试验方案

4.1.3.1　等幅荷载循环加载试验

为保证试样内部孔隙水能够有充足时间排出和流入,选取的振动频率为 0.02 Hz,等幅循环荷载的循环次数为 25 次,详细的试验方案见表 4-1。

表 4-1　等幅荷载循环加载试验方案

序号	试验类型	围压/kPa	K_c	σ_{1d}/σ_3	σ_{3d}/σ_3
1	常规三轴循环加载试验	600、1200、1800	1.0	0.3	0
		1200	1.5、2.0	0.3	0
2		600、1200、1800	1.0	0.6	0
		1200	1.5、2.0	0.6	0
3	偏应力循环加载试验	600、1200、1800	1.0	0.2	−0.1
		1200	1.5、2.0	0.2	−0.1
4		600、1200、1800	1.0	0.4	−0.2
		1200	1.5、2.0	0.4	−0.2
5	球应力循环加载试验	600、1200、1800	1.0	0.3	0.3
		1200	1.5、2.0	0.45、0.6	0.3
6		600、1200、1800	1.0	0.6	0.6
		1200	1.5、2.0	0.9、1.2	0.6

4.1.3.2　不规则荷载循环加载试验

由于地震荷载是一种随机的、不规则的动荷载,现有的方法是将不规则荷载等效为等幅循环荷载的方法进行处理,即认为材料所受到的动力响应只取决于不规则荷载的大小,而与出现的先后顺序无关,实际上不规则荷载的先后顺序对变形的影响较大[277-278]。

为进一步揭示不规则荷载作用下堆石料的变形特性规律,探讨不规则荷载的先后顺序对变形的影响,定义了三种不同的不规则荷载:①不规则荷载I(动荷载大小比值为 6∶4∶3);②不规则荷载II(动荷载大小比值为 3∶4∶6);③不规则荷载III(动荷载大小比值为 3∶4∶6∶4∶3)。这三种不规则荷载仅仅是顺序不同。不规则荷载循环加载试验是在围压为 1200 kPa、固结比 $K_c = 1.0$ 的初始应力条件下进行的,以探讨不规则荷载作用下堆石料体积应变和偏应变的变形规律。

将各循环荷载动应力恢复为零时的变形称为不可逆性变形,从总的变形中减去不可逆性变形即为可逆性变形。下面将按此定义对等幅荷载和不规则荷载作用下可逆性与不可逆性体积应变和偏应变的变化规律进行探讨。

4.2 等幅荷载循环加载试验结果

4.2.1 常规三轴循环加载试验

图 4-2 所示为常规三轴循环加载作用下 $\sigma_d/\sigma_3=0.6$ 的堆石料的体积应变 ε_v 和偏应变 ε_s 与循环振次 N 的关系曲线。

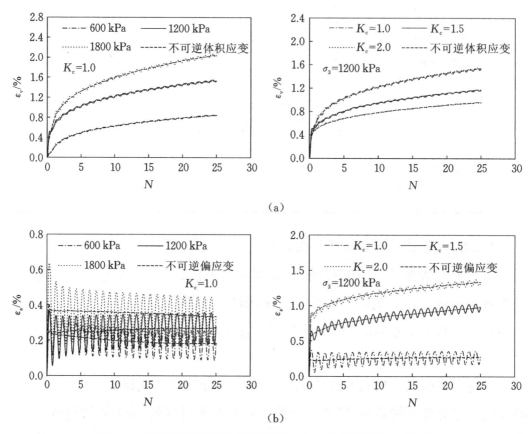

（a）

（b）

图 4-2 常规三轴循环加载作用下 $\sigma_d/\sigma_3=0.6$ 的堆石料的试验结果

(a)体积应变 ε_v 与循环振次 N 的关系曲线；(b)偏应变 ε_s 与循环振次 N 的关系曲线

由图 4-2 可以看出，不可逆性变形的特点：①在固结应力比和动应力比相同的条件下，不可逆性体积应变在振动初期发展较快，随着循环振次的增加，不可逆性体积应变增长速率有所减缓；而不可逆性偏应变在初次加载时变形较大，随着循环振次的增加，不可逆性偏应变的增幅基本为零；两者均随围压的增大而增大。②在围压和动应力比相同的条件下，初次加载时不可逆性体积应变和偏应变两者变形均明显增大，随着循环振次的增加，两者增长速率均有所减缓;不可逆性偏应变随着固结应力比的增加而增加,而不可逆性体积应变则随着固结应力比的增加而减小。

可逆性变形的特点:①在循环加载过程中,可逆性体积应变和偏应变在开始几个周期变化较大,后期基本不随循环振次的增加而变化,幅值大小基本不变;②在其他试验条件相同的情况下,可逆性体积应变和偏应变均随围压和动应力比的增大而增大,而随固结应力比的增大而减小,这与传统的弹性变形特性有所不同,在建立本构模型时应予以充分考虑。

4.2.2　偏应力循环加载试验

图 4-3 所示为偏应力循环加载作用下 $\sigma_d/\sigma_3=0.6$ 的堆石料的体积应变 ε_v 和偏应变 ε_s 与循环振次 N 的关系曲线。

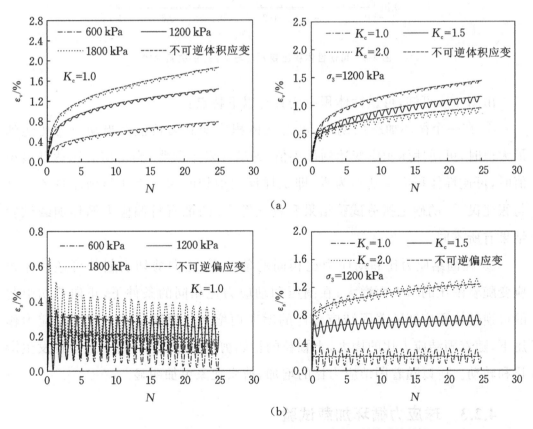

图 4-3　偏应力循环加载作用下 $\sigma_d/\sigma_3=0.6$ 的堆石料的试验结果

(a)体积应变 ε_v 与循环振次 N 的关系曲线;(b)偏应变 ε_s 与循环振次 N 的关系曲线

对比分析图 4-2 与图 4-3 可知,除偏应力循环加载作用引起的可逆性体积应变有较大差别外,其他变形规律基本相同。下面详细探讨偏应力循环加载作用引起的可逆性体积应变的变化规律。以图 4-3 中的第 20 次可逆性体积应变为例,总的体积应变减去不可逆性体积应变即得可逆性体积应变,可逆性体积应变 $\varepsilon_{vd.re}$ 与 σ_d/σ_3 的关系曲线如图 4-4 所示。

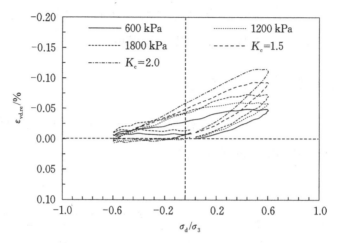

图 4-4 可逆性体积应变 $\varepsilon_{vd.re}$ 与 σ_d/σ_3 的关系曲线

由图 4-4 可知,可逆性体积应变具有以下特点:

① 在一个循环加载周期中,可逆性体积应变总为负值。当动应力比达到最大值时,可逆性体积应变达到最小值,即试样发生剪胀;当动应力比达到最小值时,可逆性体积应变基本为零,即试样反向剪切时未发生明显剪胀现象。这与张建民[279]的砂土扭剪试验结果和杨光等[280]的堆石料偏应力循环加载试验结果有所不同。

② 在固结应力比和动应力比相同的条件下,正向剪切引起的可逆性体积应变随着围压的增大而增大;在围压和动应力比相同的条件下,正向剪切引起的可逆性体积应变随着固结应力比的增大而增大。原因是在一定的动应力作用下,随着固结应力比的增大,土颗粒的初始剪应力增大,有利于土颗粒发生滑移和转动。所以随着固结应力比的增加,剪胀现象更加明显。

4.2.3 球应力循环加载试验

图 4-5 所示为球应力循环加载作用下 $\sigma_d/p_0=0.6$ 的堆石料的体积应变 ε_v 和偏应变 ε_s 与循环振次 N 的关系曲线。

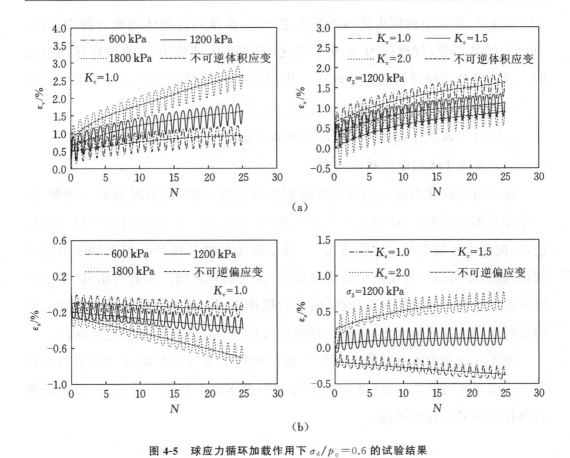

图 4-5　球应力循环加载作用下 $\sigma_d/p_0 = 0.6$ 的试验结果

(a)体积应变 ε_v 与循环振次 N 的关系曲线；(b)偏应变 ε_s 与循环振次 N 的关系曲线

由图 4-5(a)可知,在球应力循环加载条件下,不可逆性体积应变和可逆性体积应变均随着围压的增大而增大,随着固结应力比的增大而减小。由图 4-5(b)可知,在其他试验条件相同的情况下,可逆性偏应变均随着围压和固结比的增大而增大;在等向固结状态下,不可逆性偏应变为负值,这主要是由于堆石料具有较强的各向异性,且各向异性随着围压的增大而增大,随着固结应力比的增加,不可逆性偏应变由负值变为正值,则不可逆性偏应变发生方向改变。由上述试验结果可知,堆石料在球应力循环加载作用下产生的体积应变和偏应变数值较大,所以在建立堆石料的动力本构模型时应充分考虑球应力循环加载作用引起的变形。

4.2.4　变形物理机制分析

目前,弹塑性的本构模型是把压缩引起的变形和剪切压缩引起的变形分开进行描述。在偏应力循环加载试验过程中,球应力 p 保持不变,只有剪应力比

η 发生变化,变形由剪应力比的循环作用引起;在球应力循环加载过程中,剪应力比 η 保持不变,仅球应力 p 发生变化,变形是由球应力 p 的循环作用引起的。以下将分别探讨偏应力和球应力作用引起的体积应变和偏应变的变形规律及其变形机制,为建立循环弹塑性本构模型提供试验依据。

4.2.4.1 偏应力引起的体积应变和偏应变

（1）可逆性体积应变和偏应变

偏应力循环作用引起的可逆性体积应变总是负值,即表现为剪胀现象,在一个循环加载过程中,随着动应力的周期性变化,在正向剪切时达到最大剪胀值,反向基本不发生剪胀。张建民[279]基于砂土在循环扭剪作用下的变形特性规律,提出了可逆性剪胀产生的物理模型,认为颗粒之间产生相对滑移、翻滚是形成可逆性体积应变的主要原因,偏应力循环作用引起的可逆性偏应变随着偏应力的周期性变化而变化,土颗粒转动和滑移的可逆性变化是其主要原因。

图 4-6 所示为堆石料等向压缩试验的轴向应变与体积应变的比值的示意图。由图 4-6 可知,轴向应变的大小明显小于体积应变的三分之一,即说明堆石料存在明显的各向异性。

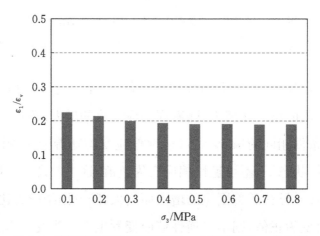

图 4-6　等向压缩作用下轴向应变 ε_1 与体积应变 ε_v 的比值

图 4-7 所示为偏应力循环荷载作用下堆石料的颗粒破碎率,B_g 为 Marsal 定义的颗粒破碎率[43]。由图 4-7 可看出,在其他试验条件相同的情况下,随着围压、固结应力比及动应力比的增加,堆石料的颗粒破碎率 B_g 也增加。

基于上述关于堆石料的各向异性以及偏应力循环作用下发生的颗粒破碎的分析可知,反向剪切时往返体积应变为零。堆石料具有较强的各向异性,导

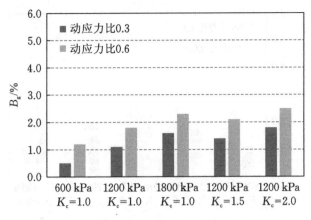

图 4-7　偏应力循环加载作用下堆石料的颗粒破碎率

致反向剪切引起的剪胀较小,同时在循环过程中堆石料发生颗粒破碎引起体缩,两者可能导致反向剪切时往返体积应变为零,基本不发生剪胀。

(2) 不可逆性体积应变和偏应变

分析上述试验结果可知,偏应力作用引起的不可逆性体积应变和偏应变具有不可逆性,总是非负的,偏应力循环作用引起的残余变形的积累,对粗粒土而言主要取决于平均孔隙率的减小以及大孔隙的消失,不仅与其平均应力和应力比有关,还与堆石料的颗粒级配、颗粒形状和矿物成分有关。张建民[279]也指出,循环剪切作用引起的残余变形主要是剪切过程中堆石料大孔隙消失、平均孔隙率减小及颗粒破碎的结果。

4.2.4.2　球应力引起的体积应变和偏应变

(1) 可逆性体积应变和偏应变

球应力循环加载作用引起的可逆性体积应变和偏应变均随着球应力的周期性变化而变化,但与传统的弹性变形有所区别;可逆性变形包括土骨架的弹性变形,但相对于土颗粒之间的相对滑移所引起的变形而言,土骨架之间的弹性变形相对较小。

(2) 不可逆性体积应变和偏应变

图 4-8 所示为球应力循环加载作用下堆石料的颗粒破碎率。由图 4-8 可以看出,在球应力循环加载作用下,当其他试验条件相同时,堆石料的颗粒破碎率 B_g 均随着围压、固结应力比及动应力比的增大而增大,即在球应力循环加载作用下堆石料发生明显的颗粒破碎。

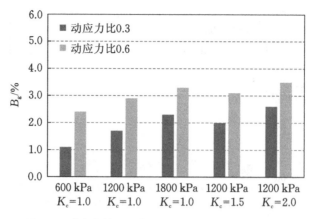

图 4-8 球应力循环加载作用下堆石料的颗粒破碎率

图 4-9 所示为球应力循环加载作用下残余轴向应变与残余体积应变的比值的示意图。由图 4-9 可以看出，在 $K_c = 1.0$ 时，残余轴向应变明显小于残余体积应变的三分之一，表明轴向的压缩性小于水平方向的压缩性，说明堆石料具有较强的各向异性；随着固结应力比的增加，残余轴向应变与残余体积应变的比值增加，说明固结应力比的增大有利于残余轴向应变的发展。

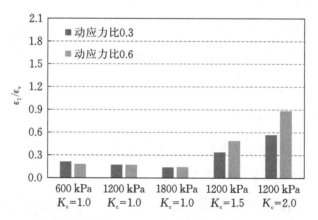

图 4-9 球应力循环加载作用下残余轴向应变与残余体积应变的比值

基于上述对堆石料在球应力循环加载作用下颗粒破碎和各向异性的分析，残余体积应变产生的原因可能是：①在球应力循环加载作用下，堆石料发生颗粒破碎，产生较大的残余体积应变；②在等向固结状态下，由于堆石料具有较强的各向异性，在球应力循环作用下堆石料发生体积收缩，随着固结应力比的增加，土骨架结构趋于更加紧密的状态，导致残余体积应变减小。残余偏应变产生的原因可能是：①由于堆石料初始的各向异性程度较大，轴向杨氏模量大于侧向杨氏模量，导致试样的轴向应变明显小于侧向应变，等向固结时产生的偏应变为负值；②固结应力比的增加致使土体内部存在初始剪应力，从而使得土体的各向异性增强，有利于轴向应变的发展，最终导致偏应变方向发生变化。

4.3　不规则荷载循环加载试验结果

4.3.1　偏应力循环加载试验

图 4-10 所示为三种不规则荷载在偏应力循环加载作用下的变形与循环振次的关系曲线。由图 4-10(a)可以看出，随着不规则荷载的作用，体积应变增加，也可分为不可逆性体积应变和可逆性体积应变；由图 4-10(b)可以看出，初始加载阶段产生较大的偏应变，后期偏应变的增加率较小。

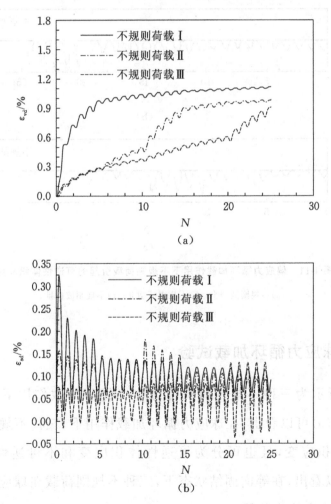

(a)

图 4-10　偏应力循环加载作用下变形与循环振次的关系曲线

(a)体积应变 ε_{vd} 与循环振次 N 的关系曲线；(b)偏应变 ε_{sd} 与循环振次 N 的关系曲线

图 4-11 所示为三种不规则荷载在偏应力循环加载作用下可逆性体积应变 $\varepsilon_{vd.re}$ 的变化规律。由图 4-11 可看出,在一个循环荷载周期内,荷载作用引起的可逆性体积应变均为负值,且在正向剪切时达到最大剪胀值,反向剪切时基本不发生剪胀,与等幅循环荷载作用下产生的可逆性体积应变 $\varepsilon_{vd.re}$ 的变形规律基本相同。

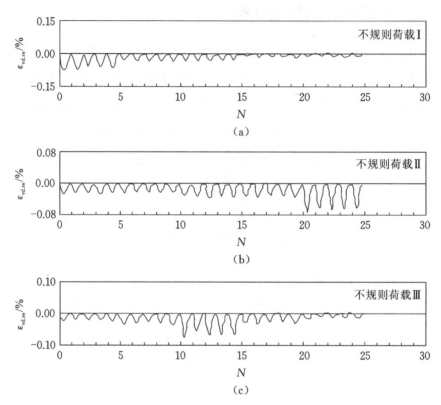

图 4-11　偏应力循环加载作用下不规则荷载引起的可逆性体积应变

(a)不规则波型Ⅰ;(b)不规则波型Ⅱ;(c)不规则波型Ⅲ

4.3.2　球应力循环加载试验

图 4-12 所示为三种不规则荷载在球应力循环加载作用下产生的变形曲线。由图 4-12(a)可以看出,在球应力循环加载作用下,三种不规则荷载作用均产生较大的体积应变,且也可分为可逆性体积应变和不可逆性体积应变;由图 4-12(b)可以看出,在等向固结状态下,三种不规则荷载在球应力循环加载作用下产生的偏应变均为负值。

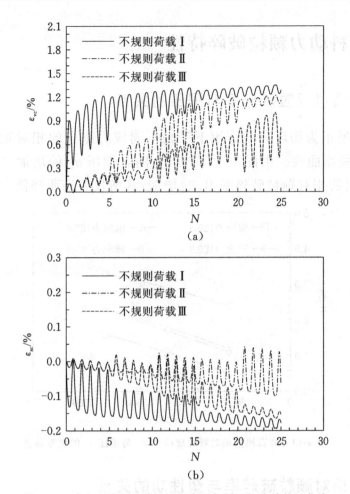

图 4-12　球应力循环加载作用下变形与循环振次的关系曲线

(a)体积应变 ε_{vc} 与循环振次 N 的关系曲线；(b)偏应变 ε_{sc} 与循环振次 N 的关系曲线

对比分析上述三种不规则荷载在偏应力循环加载和球应力循环加载作用下的试验结果可看出：

（1）不规则荷载作用下堆石料产生偏应变和体积应变的变形特性规律与等幅循环荷载作用下的变形特性规律基本相同，均可分为可逆性和不可逆性两部分；

（2）不规则荷载中最大动荷载值出现得越早，产生的残余变形越大，即不规则荷载具有明显的波序效应。

4.4 堆石料动力颗粒破碎特性

4.4.1 相对颗粒破碎率与围压的关系

图 4-13 所示为循环荷载作用下三种不同应力路径的相对颗粒破碎率 B_r 与围压 σ_3 的关系曲线。由图 4-13 可看出,随着围压 σ_3 的增加,三种不同应力路径下堆石料的相对颗粒破碎率 B_r 也增加,其增长率有所降低。

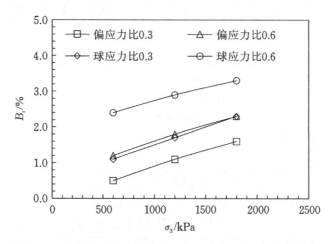

图 4-13 堆石料的相对颗粒破碎率 B_r 与围压 σ_3 的关系曲线

4.4.2 相对颗粒破碎率与塑性功的关系

图 4-14 所示为循环荷载作用下三种不同应力路径的相对颗粒破碎率 B_r 与塑性功 W_p 的关系曲线。由图 4-14 可知,采用双曲线函数关系能够较好地反映相对颗粒破碎率 B_r 与塑性功 W_p 间的关系,且不同应力路径对其影响较小。

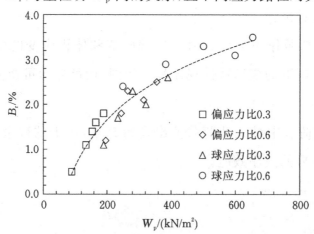

图 4-14 不同应力路径下的相对颗粒破碎率 B_r 与塑性功 W_p 的关系曲线

4.5　堆石料的剪胀特性

图 4-15 所示为堆石料在常规三轴循环加载作用下不可逆性体积应变的变化规律。由图 4-15 可以看出,随着循环振次的增加,堆石料的不可逆性体积应变也在不断增加,随着围压的增加,残余体积应变也增加。此外,在循环荷载作用的初始阶段,残余变形的增长速率较大,随着循环振次的增加,不可逆性体积应变的累积速率不断减小,由此可见,在循环作用下堆石料趋于硬化。特别注意的是,当围压较小且动应力比较大时,不可逆性体积应变可以出现剪胀现象,这也是在地震荷载作用下坝体下游坝坡出现向外滑落现象的原因。

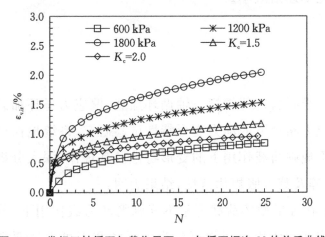

图 4-15　常规三轴循环加载作用下 $\varepsilon_{\mathrm{v.ir}}$ 与循环振次 N 的关系曲线

图 4-16 所示为偏应力循环加载作用下(偏应力比为 0.6)不可逆性体积应变的变化规律。

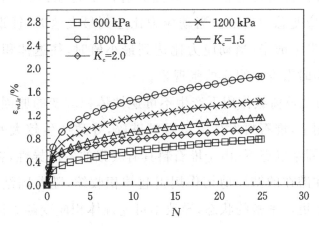

图 4-16　偏应力循环加载作用下 $\varepsilon_{\mathrm{vd.ir}}$ 与循环振次 N 的关系曲线

由图 4-16 可以看出,偏应力循环加载作用下不可逆性体积应变的变化规律与常规三轴循环加载作用下的变化规律基本相同。

通过分析上述两种不同应力路径下产生的不可逆性体积应变可知,剪切作用引起的不可逆性体积应变主要有:①在相同的循环剪切作用下,剪切引起的不可逆性体积应变随着动剪应力比的增加而增加;②剪切作用引起的不可逆性体积应变具有不可恢复性;③不可逆性体积应变具有单调压缩性,是非负的;④循环剪切作用条件下的不可逆性体积应变的大小,不仅与当时的动剪应力比有关,而且与循环剪切作用的历史有关(主要取决于此);⑤剪切引起的不可逆性体积应变在剪切作用的初期阶段比较大,随着循环作用次数的增加,不可逆性体积应变的变化率逐渐减小。

4.6   小结

本章通过对堆石料进行常规三轴循环加载、偏应力循环加载和球应力循环加载三种不同应力路径下的动力变形特性试验研究,系统地探讨了堆石料在等幅循环荷载和不规则荷载作用下的变形特性及其规律,深入分析了堆石料的变形机理、颗粒破碎及其剪胀规律特性,结果表明:

(1)无论是在等幅循环荷载还是不规则循环荷载作用下,剪切和压缩作用分别引起的偏应变和体积应变均可分为可逆性和不可逆性两部分。可逆性变形主要与颗粒之间可恢复性的相对滑移和转动有关,不可逆性变形与加载过程中大孔隙的消失、平均孔隙率的减小及颗粒破碎有关。

(2)偏应力引起的可逆性体积应变具有以下特点:在一个循环加载周期中,可逆性体积应变总为负值。当动应力比达到最大值时,往返体积应变达到最小值,即试样发生剪胀;当动应力比达到最小值时,往返体积应变基本为零,即试样反向剪切时未发生明显剪胀现象。

(3)球应力循环荷载作用下产生不可逆性体积应变的原因可能是:①在等幅循环荷载作用下,堆石料发生大量颗粒破碎,导致产生较大的不可逆性体积应变;②在等向固结状态下,由于堆石料具有较强的各向异性,在球应力循环作用下堆石料存在潜在的循环剪切作用引起体积收缩,随着固结应力比的增加,土骨架结构趋于更加紧密的状态,导致不可逆性体积应变随着固结应力比的增加而减小。不可逆性偏应变产生的原因可能是:①堆石料初始的各向异性程度较大,轴向杨氏模量大于侧向杨氏模量,导致试样的轴向应变明显小于侧向应变,在等向固结状态下,在球应力循环作用下产生的偏应变为负值;②固结应力比的增加致使土体内部存在初始剪应力,从而使得土体的各向异性增强,有利于轴向应变的发展,最终导致偏应变方向发生变化。

　（4）堆石料在循环荷载作用下也产生明显的颗粒破碎,颗粒破碎与塑性功之间存在双曲线函数关系,且应力路径对其影响较小。

　（5）在循环荷载作用的初始阶段,剪切引起的残余变形的增长速率较大,随着循环振次的增加,不可逆性体积应变的累积速率不断减小,在循环作用下堆石料趋于硬化;当围压较小且动应力比较大时,不可逆性体积应变也可以出现剪胀现象,这也是在地震荷载作用下坝体下游坝坡出现向外滑落现象的原因。

第5章 堆石料的动力黏弹性模型试验研究

针对已有残余变形模型存在的问题,本章以第 3 章所述的堆石料为试验材料,对堆石料的动模量和阻尼比以及残余变形特性进行试验研究。通过试验结果分析,在已有残余变形模型的基础上,分别在残余剪应变和残余体积应变的关系式中引入初始平均应力和剪应力比,以便更好地反映坝体的残余变形特性,提出了改进的堆石料残余变形模型,并对该模型进行了初步验证。

5.1 动力黏弹性模型研究现状

目前,土石坝的动力反应分析广泛采用的是沈珠江在 Hardin-Drenevich 等效线性模型的基础上提出的修正等价黏弹性模型。此方法比较简单,但是不能直接用来计算土石坝的地震残余变形,一般都是先进行动力反应分析,然后再进行残余变形的计算分析,在理论上存在明显缺陷。真非线性模型与等效线性模型相比,在动力分析时可以同时计算残余变形,但是只考虑了残余剪应变,并没有考虑残余体积应变。常用的堆石料残余变形模型主要有:谷口荣一模型及其修正模型[87-88]、水科院模型[89-97]、沈珠江残余变形模型及其改进模型[99-115]。水科院模型是针对特定循环振次的残余剪应变和残余体积应变试验点进行拟合的函数表达式,进行动力计算分析时需要对固结压力和应力比进行插值分析计算,使用不太方便。沈珠江残余变形模型及其改进模型由于可以同时考虑残余剪应变和残余体积应变,还可以考虑循环振次的影响,仅需一套试验参数就可以计算出堆石料在其他不同应力条件下的残余变形,在现有土石坝的动力计算过程中得到广泛应用;但是沈珠江模型计算结果有时偏大,偏大的永久变形不利于综合分析评价堆石坝的抗震性能,所以一些学者也提出了相应的修正残余变形模型[100-115]。

本章通过对堆石料进行一系列动力特性试验研究,着重分析了不同围压、固结应力比及动应力比等因素对堆石料残余剪应变和残余体积应变的影响规律。基于试验结果分析,在已有残余变形模型的基础上,改进了堆石料的残余变形模型。通过对比试验数值与模型预测结果,初步验证了残余变形模型的合理性。

5.2　堆石料的动力特性试验概况

5.2.1　试验设备及试验材料

　　试验设备采用的是清华大学自行研制的 2000 kN 大型多功能静动三轴试验机,本章仍以第 3 章所述的堆石料为试验材料,分别进行了四种不同颗粒级配的堆石料的动模量、阻尼比和残余变形的试验研究,试验材料的控制干密度为 2.067 g/cm³,对应的初始孔隙比为 0.282,详细材料参数见表 3-1。

5.2.2　试样制备及试验方案

　　试样制备时采用分层振捣法,共分 5 层,采用控制干密度法控制成型。试样制备完毕后,采用顶部抽气和底部进水相结合的方式,使试样充分饱和,饱和完毕后,按试验要求对试样施加相应的围压和轴向荷载进行固结。试验主要包括两部分:①堆石料动模量和阻尼比试验,每级荷载循环振动次数为 5 次;②堆石料的动力残余变形试验,循环振动次数为 30 次。具体的试验方案分别见表 5-1 和表 5-2。

表 5-1　堆石料的动模量和阻尼比试验方案

试验材料	动模量和阻尼比		
	K_c	σ_3/MPa	频率/Hz
堆石料 I	1.5、2.0	0.4、0.8、1.2	
堆石料 II	1.5、2.0	0.4、0.8、1.2	
堆石料 III	1.5、2.0	0.4、0.8、1.2	0.33
堆石料 IV	1.5、2.0	0.4、0.8、1.2	

表 5-2　堆石料的动力残余变形试验方案

试验材料	动力残余变形			
	K_c	σ_d/σ_3	σ_3/MPa	频率/Hz
堆石料 I	1.5、2.0	0.3、0.9	0.4、0.8、1.2	
堆石料 II	1.5、2.0	0.3、0.9	0.4、0.8、1.2	
堆石料 III	1.5、2.0	0.3、0.9	0.4、0.8、1.2	0.1
堆石料 IV	1.5、2.0	0.3、0.9	0.4、0.8、1.2	

5.3 堆石料的动力黏弹性模型

等效黏弹性模型涉及的两个基本关系是剪切模量和阻尼比与循环应变幅值的关系。沈珠江等[98-99]基于堆石料动力特性试验的研究,在 Hardin-Drnevich模型的基础上,提出了相应的等价黏弹性本构模型,认为动剪切模量 G_d/G_{max}-$\bar{\gamma}$ 满足双曲线关系,即:

$$\frac{G_d}{G_{max}} = \frac{1}{1 + k_1 \bar{\gamma}} \qquad (5-1)$$

其中:

$$\bar{\gamma} = \frac{\gamma}{\left(\dfrac{p}{p_a}\right)^{1-n}} \qquad (5-2)$$

最大的剪切模量表示为:

$$G_{max} = k_2 p_a \left(\frac{p}{p_a}\right)^n \qquad (5-3)$$

阻尼比也可以表示为:

$$\lambda = \lambda_{max} \frac{k_1 \cdot \bar{\gamma}}{1 + k_1 \cdot \bar{\gamma}} \qquad (5-4)$$

由以上关系可得出:

$$\frac{G}{G_{max}} + \frac{\lambda}{\lambda_{max}} = 1 \qquad (5-5)$$

沈珠江采用 $\bar{\gamma}$ 参数代替 Hardin-Drnevich 模型中的参考剪应变 γ_r,并对围压进行归一化处理,使得公式更加简洁,参数易于确定。表 5-3 所列为采用沈珠江改进的等价黏弹性模型确定的动模量和阻尼比计算参数。

表 5-3　动模量和阻尼比计算参数

序号	试验材料	k_1'	k_1	k_2'	k_2	n	ν	λ_{max}
1	堆石料 I	48	36	7096	2668	0.443	0.33	0.23
2	堆石料 II	57	43	6844	2573	0.472	0.33	0.22
3	堆石料 III	67	50	7264	2731	0.455	0.33	0.19
4	堆石料 IV	74	56	6953	2614	0.416	0.33	0.20

5.4　堆石料的残余变形特性规律

在堆石料残余变形的研究中,通常将泊松比取为固定值,但在实际的试验过程中,泊松比并不是常数,而是随着试验过程发生变化。因此,可采用循环过程中的体积应变和轴向应变关系式计算剪应变,以探讨不同围压、固结应力比和动应力比等因素对残余变形的影响规律,即:

$$\gamma = \frac{3}{2}\left(\varepsilon_1 - \frac{\varepsilon_v}{3}\right) \tag{5-6}$$

图 5-1 所示为不同初始应力条件下堆石料 II 的残余剪应变 γ^p 与循环振次

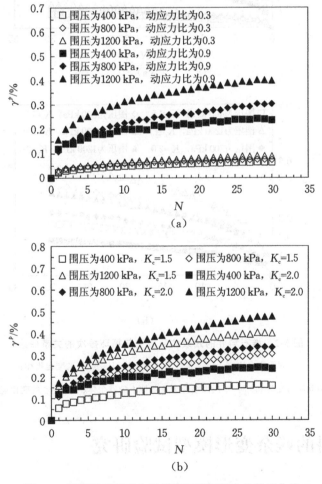

(a)

(b)

图 5-1　堆石料 II 的残余剪应变与循环振次的关系曲线

(a)固结应力比 $K_c = 1.5$ 条件下的残余剪应变 γ^p 的变化规律;

(b)动应力比为 0.9 时,不同固结应力比条件下的残余剪应变 γ^p 的变化规律

N 的关系曲线,图 5-2 所示为不同初始应力条件下堆石料Ⅱ的残余体积应变 ε_v^p 与循环振次 N 的关系曲线。由图 5-1、图 5-2 可知,堆石料的残余剪应变随着围压、固结应力比和动应力比的增大而增大;残余体积应变随着围压、动应力比的增大而增大,而随着固结应力比的增大而减小。

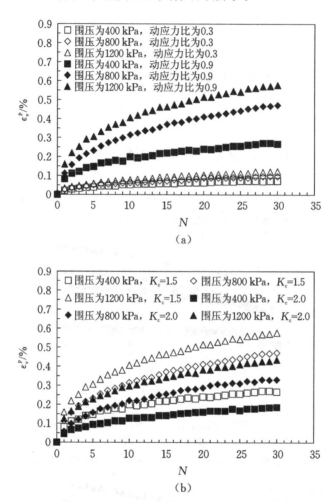

图 5-2 堆石料Ⅱ的残余体积应变与循环振次的关系曲线

(a)固结应力比 $K_c = 1.5$ 条件下的残余体积应变 ε_v^p 的变化规律;

(b)动应力比为 0.9 时,不同固结应力比条件下的残余体积应变 ε_v^p 的变化规律

5.5 堆石料的残余变形模型试验研究

为了更好地计算高堆石坝残余变形的大小,基于以上试验结果的分析可知,残余变形主要与围压、固结应力比和动应力比的大小等因素有关,在沈珠江模型和陈生水提出的残余变形模型的基础上[99,115],笔者以动应变 γ_d、初始平均

应力 p_0 和初始剪应力比 η_0 为变量,采用指数函数的关系式,改进了堆石料的残余剪应变和残余体积应变的关系式。

5.5.1　残余剪应变

堆石料 Ⅱ 的残余剪应变 γ^p 与循环振次 N 的关系曲线可用式(5-7)表示:

$$\gamma^p = A_\gamma [1 - \exp(-B_\gamma N)] \tag{5-7}$$

其中,A_γ、B_γ 为两个系数。

图 5-3 所示为 A_γ 与 γ_d 的关系曲线。

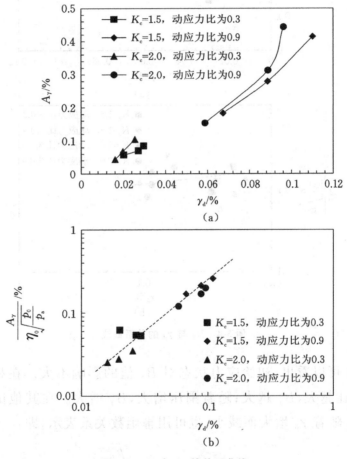

图 5-3　A_γ 与 γ_d 的关系曲线

由图 5-3 可以看出,初始应力状态对 A_γ 值具有显著影响。在相同围压条件下,固结应力比越大,A_γ 越大;在相同固结应力比条件下,围压越大,A_γ 越大。在其他试验条件相同的条件下,A_γ 与 γ_d 可用幂函数关系描述,即:

$$A_\gamma = \alpha_{\gamma 1} \gamma_d^{\beta_{\gamma 1}} \eta_0 \sqrt{\frac{p_0}{p_a}} \tag{5-8}$$

式中 $\alpha_{\gamma1},\beta_{\gamma1}$——参数；

p_0,η_0——初始状态的平均应力和剪应力比。

图 5-4 所示为 B_γ 与 γ_d 的关系曲线。

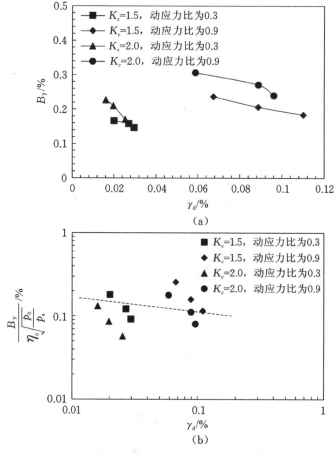

图 5-4　B_γ 与 γ_d 的关系曲线

由图 5-4 可以看出,初始应力状态对 B_γ 值的影响不大。在相同围压条件下,固结应力比越大,B_γ 越大;随着围压增大,B_γ 增大。在其他试验条件相同的条件下,B_γ 随着 γ_d 增大而减小,也可用幂函数关系表示,即:

$$B_\gamma = \alpha_{\gamma2}\,\gamma_d^{-\beta_{\gamma2}}\,\eta_0\sqrt{\frac{p_0}{p_a}} \qquad (5-9)$$

式中 $\alpha_{\gamma2},\beta_{\gamma2}$——参数；

p_0,η_0——初始状态的平均应力和剪应力比。

通过对 A_γ 和 B_γ 分别进行定义,可以实现采用指数形式的函数对其残余剪应变进行描述。

5.5.2　残余体积应变

堆石料Ⅱ的残余体积应变 ε_v^p 与循环振次 N 的关系曲线可用式(5-10)表示：

$$\varepsilon_v^p = A_v[1 - \exp(-B_v N)] \tag{5-10}$$

其中，A_v、B_v 为两个系数。

图 5-5 所示为 A_v 与 γ_d 的关系曲线。

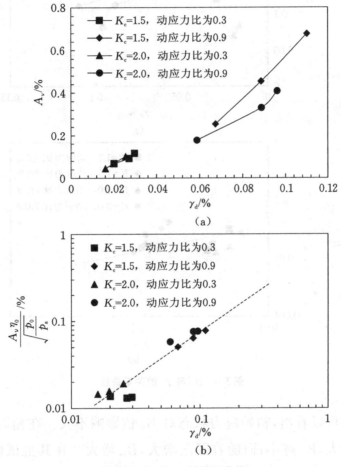

图 5-5　A_v 与 γ_d 的关系曲线

由图 5-5 可以看出，初始应力状态对 A_v 值具有显著影响。在相同围压条件下，固结应力比越大，A_v 越小；在相同固结应力比条件下，围压越大，A_v 越大。A_v 与 γ_d 可用幂函数关系表示，即：

$$A_v = \alpha_{v1} \gamma_d^{\beta_{v1}} \frac{1}{\eta_0} \sqrt{\frac{p_0}{p_a}} \tag{5-11}$$

式中　α_{v1}，β_{v1}——参数；

p_0，η_0——初始状态的平均应力和剪应力比。

图 5-6 所示为 B_v 与 γ_d 的关系曲线。

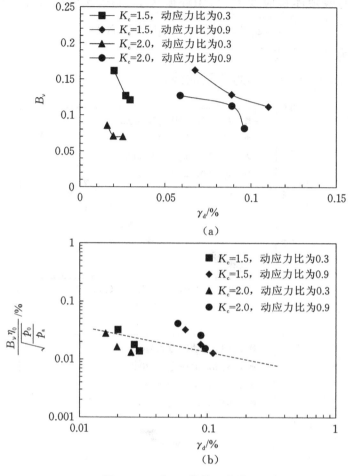

（a）

（b）

图 5-6　B_v 与 γ_d 的关系曲线

由图 5-6 可以看出，初始应力状态对 B_v 值影响不大。在相同围压条件下，固结应力比越大，B_v 越小；而随着围压增大，B_v 增大。在其他试验条件相同的条件下，B_v 随着 γ_d 增大而减小，也可用幂函数关系表示，即：

$$B_v = \alpha_{v2} \gamma_d^{-\beta_{v2}} \frac{1}{\eta_0} \sqrt{\frac{p_0}{p_a}} \qquad (5-12)$$

式中　α_{v2}，β_{v2}——参数；

　　　p_0，η_0——初始状态的平均应力和剪应力比。

通过对 A_v 和 B_v 分别进行定义，可以实现采用指数形式的函数对其残余体积应变进行描述。

5.6　残余变形模型的初步验证

表 5-4 所列为按上述改进的残余变形模型公式整理的四种不同颗粒级配堆石料的残余变形模型计算参数。

表 5-4　改进的残余变形模型计算参数

试验材料	$\alpha_{\gamma 1}$	$\alpha_{\gamma 2}$	$\beta_{\gamma 1}$	$\beta_{\gamma 2}$	α_{v1}	α_{v2}	β_{v1}	β_{v2}
堆石料 I	2.8631	0.0669	1.1061	0.245	0.8602	0.0217	0.9318	0.038
堆石料 II	3.3133	0.0674	1.1436	0.1035	0.8953	0.0186	1.0669	0.034
堆石料 III	3.0806	0.0711	1.1305	0.2787	0.7956	0.0109	1.0298	0.036
堆石料 IV	2.559	0.0639	1.0464	0.1414	0.5978	0.0139	0.9779	0.039

附录 I 至附录 IV 分别为四种不同颗粒级配堆石料残余变形采用指数函数残余变形模型模拟预测和试验结果的对比，由附录中的附图可以看出，无论是在高围压还是高动应力比试验条件下，该残余变形模型都能够较好地反映堆石料残余变形随循环振次的变化规律。

5.7　小结

本章通过采用大型多功能静动三轴试验机对四种不同颗粒级配的堆石料的动力特性进行试验研究，在已有的残余变形模型的基础上，提出了指数函数形式的改进残余变形模型，得出以下结论：

（1）由于泊松比在试验过程中并非常数，为考虑泊松比变化对剪应变的影响，采用剪应变与轴向应变和体积应变的关系式计算剪应变，对剪应变进行相关修正，其结果更能准确地反映试验过程中剪应变的变化规律。

（2）基于堆石料的动力变形的试验结果，采用残余变形与循环振次的指数函数关系式对其进行描述，并分析了各参数与动应变、初始平均应力和初始剪应力比的关系，提出了一个指数函数形式的堆石料改进残余变形模型。

（3）通过对改进的残余变形模型进行初步验证，表明该改进的残余变形模型能够较好地描述堆石料的残余体积应变和残余剪应变的发展规律。

第6章 考虑颗粒破碎和状态的堆石料 静动力统一本构模型

本章在对堆石料在静动力荷载作用下的变形规律和物理机制认识的基础上,从压缩和剪切两个方面分别考虑堆石料的颗粒破碎特性,通过引入压缩破碎和剪切破碎等相关参数,基于边界面理论和临界状态理论,借鉴已有的本构模型,建立了一个考虑颗粒破碎和状态的堆石料静动力统一弹塑性本构模型,并阐述了模型参数的确定方法。为验证模型的合理性,分别进行了一系列不同应力路径试验结果的数值模拟预测,初步验证了该本构模型的有效性。

6.1 本构模型建模思路

6.1.1 应变分解

张建民[212]基于对粗粒土变形规律的认识和试验,认为剪切和压缩作用均产生偏应变和体积应变,且每个偏应变和体积应变都是由一个可逆性分量和一个不可逆性分量组成。借鉴张建民的建模思路,笔者将堆石料的应变分解为八个分量分别进行描述,即:

$$\begin{pmatrix} \dot{\varepsilon}_s \\ \dot{\varepsilon}_v \end{pmatrix} = \begin{pmatrix} \dot{\varepsilon}_{sd.re} + \dot{\varepsilon}_{sd.ir} \\ \dot{\varepsilon}_{vd.re} + \dot{\varepsilon}_{vd.ir} \end{pmatrix}_{\text{剪切}} + \begin{pmatrix} \dot{\varepsilon}_{sc.re} + \dot{\varepsilon}_{sc.ir} \\ \dot{\varepsilon}_{vc.re} + \dot{\varepsilon}_{vc.ir} \end{pmatrix}_{\text{压缩}} \quad (6-1)$$

或

$$\begin{pmatrix} \dot{\varepsilon}_s \\ \dot{\varepsilon}_v \end{pmatrix} = \begin{pmatrix} \dot{\varepsilon}_{sd.re} + \dot{\varepsilon}_{sc.re} \\ \dot{\varepsilon}_{vd.re} + \dot{\varepsilon}_{vc.re} \end{pmatrix}_{\text{可逆}} + \begin{pmatrix} \dot{\varepsilon}_{sd.ir} + \dot{\varepsilon}_{sc.ir} \\ \dot{\varepsilon}_{vd.ir} + \dot{\varepsilon}_{vc.ir} \end{pmatrix}_{\text{不可逆}} \quad (6-2)$$

式中　$\dot{\varepsilon}_{sd.re}, \dot{\varepsilon}_{vd.re}$——剪切引起的可逆性偏应变和体积应变;

$\dot{\varepsilon}_{sc.re}, \dot{\varepsilon}_{vc.re}$——压缩引起的可逆性偏应变和体积应变;

$\dot{\varepsilon}_{sd.ir}, \dot{\varepsilon}_{vd.ir}$——剪切引起的不可逆性偏应变和体积应变;

$\dot{\varepsilon}_{sc.ir}, \dot{\varepsilon}_{vc.ir}$——压缩引起的不可逆性偏应变和体积应变。

6.1.2　堆石料的力学特性

6.1.2.1　压缩特性

土的压缩特性通常采用双线性函数表示,由于堆石料具有较强的颗粒破碎特性,可采用第 3 章式(3-6)、式(3-7)来描述堆石料在 $e\text{-}\ln p$ 平面内的压缩特性,即:

$$e = e_0 \exp\left[-\left(\frac{p}{h_s}\right)^n\right]$$

$$\lambda = ne\left(\frac{p}{h_s}\right)^n = n\left[e_0 - (1+e_0)\varepsilon_v\right]\left(\frac{p}{h_s}\right)^n$$

由上式可看出,λ 与当前孔隙比 e 和平均应力 p 有关。因此,等向压缩引起的颗粒破碎可用变量压缩参数 λ 和常量回弹参数 κ 进行描述。

6.1.2.2　剪切特性

相对颗粒破碎率 B_r 与塑性功 W_p 之间的函数关系可采用第 3 章式(3-16)和式(3-17)进行描述,即:

$$B_r = \frac{W_p}{a + bW_p}$$

$$W_p = \int p\langle \mathrm{d}\varepsilon_v^p\rangle + q\,\mathrm{d}\varepsilon_s^p$$

基于试验结果分析,笔者认为采用指数函数形式的临界状态线与砂土的试验数据拟合较好,可采用第 3 章式(3-18)进行描述,即:

$$e_{cs} = e_{cs0} - \zeta\left(\frac{p}{p_a}\right)^\xi$$

e_{cs0} 与 B_r 之间的指数函数关系可用第 3 章式(3-19)进行描述,即:

$$e_{cs0} = e_{B0} - c\exp(\beta B_r)$$

6.1.3　状态参数

堆石料的状态参数可采用 Been 和 Jefferies[148]建议的公式表示,即:

$$\psi = e - e_{cs}$$

堆石料的峰值应力比 M_f 和剪胀应力比 M_d 可采用 Li 和 Dafalias[179]建议的公式进行描述,即:

$$\begin{cases} M_f = M_{cs}\exp(-n_b\psi) \\ M_d = M_{cs}\exp(n_d\psi) \end{cases}$$

通过在压缩作用下引入变量压缩参数 λ 和在剪切作用下建立颗粒破碎与临界状态线之间的关系，并将状态参数 ψ 引入峰值应力比 M_f 和剪胀应力比 M_d 中，实现了从压缩和剪切两个方面分别考虑颗粒破碎对堆石料力学特性的影响。

6.2 三轴应力空间的弹塑性本构模型

6.2.1 基本变量定义

采用平均应力 p 与广义剪应力 q 的比值（即剪应力比 η）作为基本应力变量，分别定义为：

$$p = (\sigma_1 + \sigma_2 + \sigma_3)/3 \tag{6-3}$$

$$q = \sqrt{(\sigma_1+\sigma_2)^2+(\sigma_2+\sigma_3)^2+(\sigma_3+\sigma_1)^2}/\sqrt{2} \tag{6-4}$$

$$\eta = q/p \tag{6-5}$$

采用体积应变和广义剪应变作为基本应变变量，分别定义为：

$$\varepsilon_v = \varepsilon_1 + \varepsilon_2 + \varepsilon_3 \tag{6-6}$$

$$\varepsilon_s = \sqrt{(\varepsilon_1+\varepsilon_2)^2+(\varepsilon_2+\varepsilon_3)^2+(\varepsilon_3+\varepsilon_1)^2}/\sqrt{2} \tag{6-7}$$

6.2.2 边界面定义

在三轴应力空间中，将历史上最大的剪应力比所在面作为边界面，边界面定义为：

$$f_m = \overline{\eta} - M_m = 0 \tag{6-8}$$

式中　M_m——历史上最大的剪应力比。

临界状态面定义为：

$$f_{cs} = \eta - M_{cs} = 0 \tag{6-9}$$

式中　M_{cs}——临界状态应力比。

与平均应力 p 有关的边界面定义为：

$$f_p = p - p_m = 0 \tag{6-10}$$

式中　p_m——平均应力 p 的历史最大值，在三轴应力空间内为一垂直于 p 轴的直线。

6.2.3　映射规则定义

在三轴应力空间中建立的边界面如图 6-1 所示，$f_m=0$ 代表边界面，通过原点 O 和当前应力点 r 的面为加载面。对于从原点 O 到 r 的单调性加载，$f_m=0$ 与加载面重合，当在 r 处发生应力反转时，会产生一个通过当前应力点 r 的新加载面，应力点 $\bar{r}$ 通过径向映射规则获得，即为通过投影中心 α 和当前应力点 r 的连线与先期最大应力比面 $f_m=0$ 的交点，塑性模量表示为 ρ 与 $\bar{\rho}$ 的函数。对于如堆石料等材料的破坏摩擦角不是常数的材料，其破坏摩擦角随着围压的增大而减小，则对应的破坏面是弯曲的。

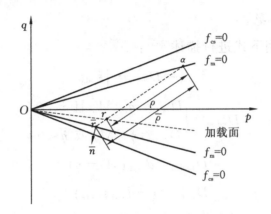

图 6-1　三轴应力空间中模型的映射规则

6.2.4　塑性加载及加载方向判断

模型中塑性加载通过以下关系式判断：

$$\Delta L = \dot{\eta} \cdot n \tag{6-11}$$

式中　n——加载面的外法线方向，当 $\Delta L>0$ 时发生塑性加载，当 $\Delta L \leqslant 0$ 时发生应力反转。

6.2.5　各分量的具体描述

（1）$\dot{\varepsilon}_{sd.re}$ 和 $\dot{\varepsilon}_{vd.re}$ 采用广义胡克定律确定[281]，即：

$$\left.\begin{array}{l} \dot{\varepsilon}_{sd.re} = \dfrac{\dot{q}}{3G} \\[3mm] \dot{\varepsilon}_{vd.re} = \dfrac{\dot{p}}{K} \end{array}\right\} \tag{6-12}$$

弹性剪切模量 G：

$$G = G_0 p_a \frac{(2.97-e)^2}{1+e} \sqrt{\frac{p}{p_a}} \qquad (6-13)$$

体积模量 K：

$$K = \frac{1+e}{\kappa} p_a \sqrt{\frac{p}{p_a}} \qquad (6-14)$$

式中　　G_0——材料参数；

　　　　p_a——大气压力；

　　　　e——当前孔隙比；

　　　　κ——回弹参数。

（2）$\dot{\varepsilon}_{vd.re}$ 可采用下式进行描述[282]：

$$\dot{\varepsilon}_{vd.re} = D_{vd.re} \cdot |\dot{\varepsilon}_{sd.ir}| \qquad (6-15)$$

$$D_{vd.re} = \begin{cases} D_{re.gen}, \eta \geqslant M_d \text{ 且 } \dot{\eta} > 0 \\ D_{re.rel}, \eta < M_d \text{ 或 } \dot{\eta} < 0 \end{cases} \qquad (6-16)$$

$$D_{re.gen} = d_{re.1}(M_d - \eta) \qquad (6-17)$$

$$D_{re.rel} = (-d_{re.2}\varepsilon_{vd.re})^2 \qquad (6-18)$$

式中　　$D_{re.gen}, D_{re.rel}$——剪切引起的可逆性剪胀的产生速率和释放速率；

　　　　M_d—— M_d 计算式为 $M_d = M_{cs}\exp(n_d\psi)$，其中 n_d 为状态参数；

　　　　$d_{re.1}, d_{re.2}$——材料参数。

对于各向同性材料，压缩引起的可逆性偏应变 $\dot{\varepsilon}_{sc.re}$ 与产生的总偏应变相比相对较小，可忽略不计，本模型不予考虑。

（3）$\dot{\varepsilon}_{sd.ir}$ 和 $\dot{\varepsilon}_{vd.ir}$ 可采用下式进行描述[282]：

$$\left. \begin{array}{l} \dot{\varepsilon}_{sd.ir} = \dfrac{p}{H_\eta} \dot{\eta} \\[2mm] \dot{\varepsilon}_{vd.ir} = D_{vd.ir}|\dot{\varepsilon}_{sd.ir}| \end{array} \right\} \qquad (6-19)$$

与 $\dot{\eta}$ 有关的剪切模量 H_η 为：

$$H_\eta = Gh_0\exp(-n_b\psi)\left[\frac{M_f}{M_m}\left(\frac{\bar{\rho}}{\rho}\right) - 1\right] \qquad (6-20)$$

式中　　h_0——材料参数；

　　　　M_f——M_f 计算式为 $M_f = M_{cs}\exp(-n_b\psi)$；

n_b——状态参数；

$\bar{\rho}$——投影中心 α 与映射应力点 $\bar{r}$ 的映射距离；

ρ——投影中心 α 与当前应力点 r 的映射距离；

M_m——历史最大应力比。

与 $\dot{\eta}$ 有关的剪胀速率 $D_{vd.ir}$ 为：

$$D_{vd.ir} = d_0 \exp(n_b \psi - \alpha \varepsilon_{vd.ir}) \left(1 - \frac{\eta}{M_d}\right) \tag{6-21}$$

式中　d_0, α——材料参数；

M_d——M_d 计算式为 $M_d = M_{cs} \exp(n_d \psi)$，其中 n_d 为状态参数。

（4）$\dot{\varepsilon}_{sc.ir}$ 和 $\dot{\varepsilon}_{vc.ir}$ 可采用下式进行描述[253]：

$$\left. \begin{aligned} \dot{\varepsilon}_{sc.ir} &= \frac{\eta}{H_p} H(p - p_m) \langle \dot{p} \rangle \\ \dot{\varepsilon}_{vc.ir} &= \frac{1}{K_p} H(p - p_m) \langle \dot{p} \rangle \end{aligned} \right\} \tag{6-22}$$

其中，$H(x)$ 为 Heaveside 函数，$\langle x \rangle$ 为 Macauley 函数，其含义为：

$$H(x) = \begin{cases} 1 & (x > 0) \\ 0 & (x \leqslant 0) \end{cases} \tag{6-23}$$

$$\langle x \rangle = \begin{cases} x & (x > 0) \\ 0 & (x \leqslant 0) \end{cases} \tag{6-24}$$

与 $\dot{p}$ 有关的剪切模量 H_p：

$$H_p = \frac{p(1+e)}{\lambda - \kappa} \frac{G}{K} \tag{6-25}$$

与 $\dot{p}$ 有关的体积模量 K_p：

$$K_p = \frac{1+e}{\lambda - \kappa} \left(\frac{M_f}{M_f - \eta}\right) p \tag{6-26}$$

式中　λ, κ——等向压缩试验在 e-$\ln p$ 平面内的压缩和回弹曲线的斜率。

综合上述各分量整理可得应力应变的增量关系式为：

$$\left. \begin{aligned} \dot{\varepsilon}_s &= \frac{\dot{q}}{3G} + \frac{p}{H_\eta} \dot{\eta} + \frac{\eta}{H_p} H(p - p_m) \langle \dot{p} \rangle \\ \dot{\varepsilon}_v &= \frac{\dot{p}}{K} + (D_{vd.re} + D_{vd.ir}) |\dot{\varepsilon}_{sd.ir}| + \frac{1}{K_p} H(p - p_m) \langle \dot{p} \rangle \end{aligned} \right\} \tag{6-27}$$

6.3 三维应力空间的弹塑性本构模型

6.3.1 应力和应变表示方法

在三维应力空间中,应力和应变采用张量的形式进行标记和运算,当省略下标时,张量用粗黑体标记。应力张量为 $\boldsymbol{\sigma}(\sigma_{ij})$,球应力 p 和偏应力 $\boldsymbol{s}(s_{ij})$ 分别为:

$$p = \frac{1}{3}\mathrm{tr}(\boldsymbol{\sigma}) = \frac{1}{3}\sigma_{kk} \tag{6-28}$$

$$\boldsymbol{s}(s_{ij}) = \boldsymbol{\sigma}(\sigma_{ij}) - p\boldsymbol{I} \tag{6-29}$$

其中,$\boldsymbol{I} = \delta_{ij}$ 为单位张量,δ_{ij} 为 Kronecker 符号,即:

$$\delta_{ij} = \begin{cases} 1 & (i=j) \\ 0 & (i \neq j) \end{cases} \tag{6-30}$$

定义偏应力比张量为:

$$\boldsymbol{r} = \boldsymbol{s}/p \tag{6-31}$$

模型中常用的广义剪应力 q 和剪应力比 η 分别为:

$$q = \sqrt{\frac{3}{2}\boldsymbol{s}:\boldsymbol{s}} \tag{6-32}$$

$$\eta = \sqrt{\frac{3}{2}\boldsymbol{r}:\boldsymbol{r}} = \frac{q}{p} \tag{6-33}$$

应变张量用 $\boldsymbol{\varepsilon}(\varepsilon_{ij})$ 表示,体积应变 ε_v 和偏应变 $\boldsymbol{e}(e_{ij})$ 分别为:

$$\varepsilon_v = \mathrm{tr}(\boldsymbol{\varepsilon}) = \varepsilon_{kk} \tag{6-34}$$

$$\boldsymbol{e}(e_{ij}) = \boldsymbol{\varepsilon} - \frac{\varepsilon_v}{3}\boldsymbol{I} \tag{6-35}$$

广义剪应变表示为:

$$\varepsilon_s = \sqrt{\frac{2}{3}\boldsymbol{e}:\boldsymbol{e}} \tag{6-36}$$

在三轴应力空间中,将应力作用分解为球应力 p 和剪应力比 η 的作用;而在三维应力空间中,将应力张量分解为球应力张量和偏应力比张量,即:

$$\dot{\boldsymbol{\sigma}} = \dot{\boldsymbol{s}} + \dot{p}\boldsymbol{I} = p\dot{\boldsymbol{r}} + \dot{p}\frac{\boldsymbol{\sigma}}{p} \tag{6-37}$$

6.3.2　三维空间边界面的定义

在三维应力空间中,历史最大剪应力比面(边界面)、临界状态面、与平均应力 p 变化相关的边界面分别定义为:

$$f_{\mathrm{m}}(\overline{\boldsymbol{\sigma}}) = \overline{\eta} - M_{\mathrm{m}} g(\overline{\theta}) = 0 \tag{6-38}$$

$$f_{\mathrm{cs}}(\boldsymbol{\sigma}) = \eta - M_{\mathrm{cs}} g(\theta) = 0 \tag{6-39}$$

$$f_{\mathrm{p}}(p) = p - p_{\mathrm{m}} = 0 \tag{6-40}$$

其中,应力 Lode 角 θ 可依据下式计算:

$$\theta = \frac{1}{3} \arcsin\left[-\frac{1}{2} \left(\frac{S}{q} \right)^3 \right] \tag{6-41}$$

其中,$S = \sqrt[3]{s_{\mathrm{ij}} s_{\mathrm{jk}} s_{\mathrm{ki}} / 3}$ 为第三偏应力不变量,$g(\theta)$ 采用张建民等建议的简化函数[211]:

$$g(\theta) = \frac{1}{1 + \dfrac{M_{\mathrm{f}}}{6}(1 + \sin 3\theta - \cos^2 3\theta) + \dfrac{1}{M_{\mathrm{o}}}(M_{\mathrm{f}} - M_{\mathrm{o}}) \cos^2 3\theta} \tag{6-42}$$

其中,M_{f} 为三轴压缩条件下 $(\theta = -30°)$ 的破坏应力比,$M_{\mathrm{f}} = M_{\mathrm{cs}} \exp(-n_{\mathrm{b}} \psi)$,$M_{\mathrm{o}}$ 为等向固结单剪条件下 $(\theta = 0°)$ 的破坏应力比,M_{f} 和 M_{o} 与破坏摩擦角 φ_{f} 的关系为:

$$\left. \begin{aligned} M_{\mathrm{f}} &= \frac{6 \sin \varphi_{\mathrm{f}}}{3 - \sin \varphi_{\mathrm{f}}} \\[2mm] M_{\mathrm{o}} &= \frac{2 \sqrt{3} \sin \varphi_{\mathrm{f}}}{\sqrt{3 + 4 \tan^2 \varphi_{\mathrm{f}}}} \end{aligned} \right\} \tag{6-43}$$

6.3.3　映射规则定义

在三维应力比空间中模型的映射规则如图 6-2 所示,$\boldsymbol{\alpha}$ 为投影中心,r 为当前应力点,$\overline{r}$ 为当前应力点在边界面上的映射点,$\overline{n}$ 为映射点的外法线方向,ρ 和 $\overline{\rho}$ 分别为投影中心点到当前应力点和边界面上映射点的距离,采用应力比全量的线性映射规则,即边界面上映射点的应力比为 $\overline{r} = \boldsymbol{\alpha} + \chi(r - \boldsymbol{\alpha})$,$\chi$ 为一正的待定系数。将上述关系式代入边界面 $f(\overline{\boldsymbol{\sigma}}) = 0$ 的方程中,即可求得 χ 和映射应力点 $\overline{r}$,相应地得到 $\overline{n}$、ρ 和 $\overline{\rho}$ 如下:

$$\overline{n} = \frac{\partial f(\overline{\boldsymbol{\sigma}})}{\partial \overline{r}} \tag{6-44}$$

$$\left.\begin{array}{l} \bar{\rho}=\sqrt{3(\bar{r}-\boldsymbol{\alpha}):(\bar{r}-\boldsymbol{\alpha})/2} \\ \rho=\sqrt{3(r-\boldsymbol{\alpha}):(r-\boldsymbol{\alpha})/2} \end{array}\right\} \qquad (6-45)$$

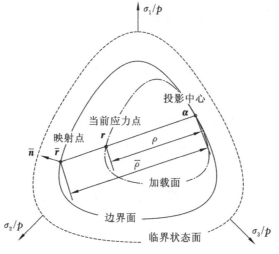

图 6-2　三维应力空间中模型的映射规则

6.3.4　塑性加载及加载方向判断

三维应力空间中的塑性加载通过塑性加载强度 ΔL 进行判断：

$$\Delta L = p\dot{r} : \boldsymbol{n} \qquad (6-46)$$

式中　$\dot{r}$——应力比增量；

　　　$\boldsymbol{n}$——偏应力空间中的加载方向，且为一单位偏张量，加载方向由 ΔL 判断，当 $\Delta L > 0$ 时发生塑性加载，当 $\Delta L \leqslant 0$ 时应力应变响应为弹性，且前次应力反向点 $\boldsymbol{\alpha}$ 更新为当前应力点。

在本模型中假定塑性剪应变的流动方向 $\boldsymbol{m}$ 和加载方向 $\boldsymbol{n}$ 都取边界面上映射点的外法线方向 $\bar{\boldsymbol{n}}$，即：

$$\boldsymbol{n} = \boldsymbol{m} = \bar{\boldsymbol{n}} \qquad (6-47)$$

6.3.5　各分量的具体描述

（1）$\dot{e}_{sd.re}$ 和 $\dot{\varepsilon}_{vd.re}$ 采用广义胡克定律描述[282]，即：

$$\left.\begin{array}{l} \dot{e}_{sd.re}=\dfrac{\dot{s}}{2G} \\[3mm] \dot{\varepsilon}_{vd.re}=\dfrac{\dot{p}}{K} \end{array}\right\} \qquad (6-48)$$

其中, G 和 K 分别采用式(6-13)和式(6-14)计算。

(2) $\dot{\varepsilon}_{vd.re}$ 采用下式进行描述[283]：

$$\dot{\varepsilon}_{vd.re} = D_{vd.re} \cdot |\dot{\varepsilon}_{sd.ir}| \tag{6-49}$$

$$D_{vd.re} = \begin{cases} D_{re.gen}, \eta \geqslant M_d g(\theta) \text{ 且 } \dot{\eta} > 0 \\ D_{re.rel}, \eta < M_d g(\theta) \text{ 或 } \dot{\eta} < 0 \end{cases} \tag{6-50}$$

$$D_{re.gen} = d_{re.1}[M_d g(\theta) - \eta] \tag{6-51}$$

$$D_{re.rel} = (-d_{re.2}\varepsilon_{vd.re})^2 \tag{6-52}$$

式中　$D_{re.gen}, D_{re.rel}$ ——剪切引起的可逆性体积应变的产生速率和释放速率；

　　　M_d —— M_d 的计算式为 $M_d = M_{cs}\exp(n_d\psi)$, n_d 为状态参数；

　　　$d_{re.1}, d_{re.2}$ ——材料参数。

对于各向同性材料,压缩引起的可逆性偏应变 $\dot{e}_{sc.re}$ 与产生的总偏应变相比相对较小,可以忽略不计,本模型不予考虑。

(3) $\dot{e}_{sd.ir}$ 和 $\dot{\varepsilon}_{vd.ir}$ 采用下式进行描述[284-288]：

剪切引起的不可逆性偏应变 $\dot{e}_{sd.ir}$ 为：

$$\dot{e}_{sd.ir} = m\frac{\langle p\dot{r} : n\rangle}{H_r} = \bar{n}\frac{\langle p\dot{r} : \bar{n}\rangle}{H_r} \tag{6-53}$$

$$H_r = \frac{2}{3}G \cdot h_0 \cdot \exp(-n_b\psi) \cdot g(\bar{\theta})\left[\frac{M_f}{M_m}\left(\frac{\bar{\rho}}{\rho}\right) - 1\right] \tag{6-54}$$

剪切引起的不可逆性体积应变 $\dot{\varepsilon}_{vd.ir}$ 为：

$$\dot{\varepsilon}_{vd.ir} = D_{vd.ir}\frac{\langle p\dot{r} : n\rangle}{H_r} = D_{vd.ir}\frac{\langle p\dot{r} : \bar{n}\rangle}{H_r} \tag{6-55}$$

$$D_{vd.ir} = d_0\exp(n_d\psi - \alpha\varepsilon_{vd.ir})\left(1 - \frac{\eta}{M_d}\right) \tag{6-56}$$

(4) $\dot{e}_{sc.ir}$ 和 $\dot{\varepsilon}_{vc.ir}$ 分别采用下式进行描述：

压缩引起的不可逆性偏应变 $\dot{e}_{sc.ir}$,即：

$$\dot{e}_{sc.ir} = \frac{r}{H_p}H(p - p_m)\langle\dot{p}\rangle \tag{6-57}$$

压缩引起的不可逆性体积应变 $\dot{\varepsilon}_{vc.ir}$,即：

$$\dot{\varepsilon}_{vc.ir} = \frac{1}{K_p}H(p - p_m)\langle\dot{p}\rangle \tag{6-58}$$

与 $\dot{p}$ 有关的剪切模量 H_{p}：

$$H_{\mathrm{p}} = \frac{p(1+e)}{\lambda-\kappa}\frac{G}{K} \qquad (6\text{-}59)$$

与 $\dot{p}$ 有关的体积模量 K_{p}：

$$K_{\mathrm{p}} = \frac{1+e}{\lambda-\kappa}\left(\frac{M_{\mathrm{f}}g(\overline{\theta})}{M_{\mathrm{f}}g(\overline{\theta})-\eta}\right)p \qquad (6\text{-}60)$$

由以上各分量公式整理可得应力应变的增量关系式为：

$$\left.\begin{aligned}
\dot{\varepsilon}^{e} &= \frac{1}{2G}\dot{s} + \frac{\boldsymbol{I}}{3K}\dot{p} = \frac{1}{2G}p\dot{r} + \left(\frac{1}{2G}r + \frac{1}{3K}\boldsymbol{I}\right)\dot{p} \\
\dot{\varepsilon}^{p} &= \left(\boldsymbol{m} + \frac{D_{\mathrm{vd.re}}+D_{\mathrm{vd.ir}}}{3}\boldsymbol{I}\right)\frac{\langle p\dot{r}:\boldsymbol{n}\rangle}{H_{\mathrm{r}}} + \left(\frac{\boldsymbol{r}}{H_{\mathrm{p}}} + \frac{\boldsymbol{I}}{3K_{\mathrm{p}}}\right)H(p-p_{\mathrm{m}})\langle\dot{p}\rangle
\end{aligned}\right\} (6\text{-}61)$$

6.4 统一本构模型的简化

基于堆石料的反复加卸载三轴试验，发现堆石料有明显的卸载体缩现象，即在每一次的剪切卸载瞬间都会发生显著的体缩现象，实质上就是剪切引起的可逆性体积应变。剪切引起的可逆性体积应变 $\dot{\varepsilon}_{\mathrm{vd.re}}$ 在静力荷载作用时可用于描述堆石料的卸载体缩现象。

通过对粗粒土进行循环扭剪试验和等 p 循环三轴试验发现，循环剪切荷载作用引起的体积应变同样也可以分解为可逆性体积应变和不可逆性体积应变两个分量。通过对比分析发现，堆石料的可逆性体积应变与不可逆性体积应变相比较小，同时堆石坝的抗震计算中主要关心的是残余体积应变，而不太考虑可逆性体积应变，故在本模型中剪切引起的可逆性体积应变 $\dot{\varepsilon}_{\mathrm{vd.re}}$ 不予考虑。对于各向同性材料，压缩引起的可逆性偏应变 $\dot{\varepsilon}_{\mathrm{sc.re}}$ 和压缩引起的不可逆性偏应变 $\dot{\varepsilon}_{\mathrm{sc.ir}}$ 相对较小，均可忽略不计。故简化后的应力应变的增量关系式为：

$$\left.\begin{aligned}
\dot{\varepsilon}^{e} &= \frac{1}{2G}\dot{s} + \frac{\boldsymbol{I}}{3K}\dot{p} = \frac{1}{2G}p\dot{r} + \left(\frac{1}{2G}r + \frac{1}{3K}\boldsymbol{I}\right)\dot{p} \\
\dot{\varepsilon}^{p} &= \left(\boldsymbol{m} + \frac{D_{\mathrm{vd.ir}}}{3}\boldsymbol{I}\right)\frac{\langle p\dot{r}:\boldsymbol{n}\rangle}{H_{\mathrm{r}}} + \frac{\boldsymbol{I}}{3K_{\mathrm{p}}}H(p-p_{\mathrm{m}})\langle\dot{p}\rangle
\end{aligned}\right\} (6\text{-}62)$$

6.5　弹塑性刚度矩阵的推导

在有限元的实现过程中，需要给出模型的应力积分方法和一致模量矩阵，根据一致模量矩阵的定义可知，应力增量和应变增量存在如下关系[209]：

$$\dot{\sigma} = \boldsymbol{D}^{ep} : \dot{\varepsilon} \tag{6-63}$$

$$\boldsymbol{D}^{ep} = \boldsymbol{D}^e - \frac{\boldsymbol{p}^r \otimes \boldsymbol{Q}^p - \boldsymbol{p}^p \otimes \boldsymbol{Q}^r}{A_r B_p - A_p B_r} \tag{6-64}$$

各参量的具体表达式为：

$$D_{ijkl}^e = K \delta_{ij} \delta_{kl} + G \left(\delta_{ik} \delta_{jl} + \delta_{il} \delta_{jk} - \frac{2}{3} \delta_{ij} \delta_{kl} \right) \tag{6-65}$$

$$\boldsymbol{p}^r = \boldsymbol{m} \frac{2G}{H_r} + D_{vd.ir} \frac{K}{H_r} \boldsymbol{I} \tag{6-66}$$

$$\boldsymbol{p}^p = \left(\frac{K}{K_p} \boldsymbol{I} \right) H(p - p_m) H(\dot{p}) \tag{6-67}$$

$$\boldsymbol{Q}^r = A_p \boldsymbol{n} - A_r \boldsymbol{I} \tag{6-68}$$

$$\boldsymbol{Q}^p = B_p \boldsymbol{n} - B_r \boldsymbol{I} \tag{6-69}$$

$$A_r = \frac{1}{2G} + \frac{1}{H_r} \tag{6-70}$$

$$A_p = \frac{D_{vd.ir}}{H_r} \tag{6-71}$$

$$B_r = \frac{1}{2G} \boldsymbol{r} : \boldsymbol{n} \tag{6-72}$$

$$B_p = \frac{1}{K} + \frac{1}{K_p} H(p - p_m) H(\dot{p}) \tag{6-73}$$

6.6　本构模型参数的确定

6.6.1　模型参数分类

本章建立的静动力统一本构模型参数共 17 个，具体分类详见表 6-1。

表 6-1   本构模型参数汇总

序号	类别	参数符号	单位	物理意义	参数确定试验
1	弹性参数	G_0	1	弹性剪切模量参数	常规三轴/循环三轴试验
2		κ	1	回弹参数	等向压缩试验
3	临界状态线参数	M_{cs}	1	e-p 空间临界状态线参数	常规三轴试验
4		ζ	1		
5		ξ	1		
6	颗粒破碎参数	e_{B0}	1	颗粒破碎参数	常规三轴试验
7		a	1		
8		b	1		
9		c	1		
10		β	1		
11	状态参数	h_0	1	塑性剪切模量参数	常规三轴/循环三轴试验
12		n_b	1	峰值状态参数	
13	剪胀参数	d_0	1	剪胀速率参数	常规三轴/循环三轴试验
14		α	1	剪胀速率参数	
15		n_d	1	剪胀方程状态参数	
16	压缩参数	h_s	1	固相硬度	等向三轴压缩试验
17		n	1	压缩参数	

6.6.2   模型参数确定方法

该模型参数共 17 个，基于等向压缩试验、排水三轴剪切试验和循环三轴剪切试验结果，模型参数确定方法如下：

（1）弹性参数 G_0、κ：弹性剪切模量参数 G_0 可由 ε_s-q 曲线的起始坡度确定；回弹参数 κ 通过等向压缩试验确定。

（2）临界状态线参数 M_{cs}、ζ 和 ξ：临界状态线参数通过一组常规三轴试验确定。M_{cs} 通过拟合不同围压临界应力比平均值确定；ζ 为临界状态线的斜率，ξ 为常数，取 0.7。

（3）颗粒破碎参数 a、b、c、e_{B0} 和 β：a 和 b 通过拟合相对颗粒破碎率 B_r 与塑性功 W_p 的双曲线函数确定；e_{B0}、c 和 β 通过拟合参考临界孔隙比 e_{cs0} 与相对

颗粒破碎率 B_r 之间的指数函数关系确定。

（4）状态参数 h_0、n_b：参数 h_0 通过拟合剪切模量衰减曲线确定；n_b 通过函数式 $n_b = \ln(M_{cs}/M_f)/\psi_f$ 确定，其中 M_f 和 ψ_f 分别为单调三轴排水试验的峰值剪应力比与相应的状态变量。

（5）剪胀参数 d_0、α 和 n_d：d_0 和 α 通过拟合剪胀速率 $D_{vd.ir}$ 与应力比 η 的关系式进行试算确定；状态参数 n_d 通过函数式 $n_d = \ln(M_d/M_{cs})/\psi_d$ 确定，其中 M_d 和 ψ_d 分别为单调三轴排水试验的剪胀应力比与相应的状态变量。

（6）压缩参数 h_s、n：h_s 和 n 通过拟合等向三轴压缩试验数据确定。

6.7　本构模型的初步验证

6.7.1　常规三轴剪切试验模拟

采用本书提出的考虑颗粒破碎和状态的弹塑性本构模型，对部分堆石料三轴试验结果进行模拟，共 2 组：

（1）孔隙比 $e_0 = 0.282$，围压分别为 300 kPa、600 kPa、900 kPa、1200 kPa；

（2）围压为 900 kPa，孔隙比分别为 0.282、0.316、0.351、0.389。

由试验结果确定的模型参数见表 6-2。

表 6-2　常规三轴剪切试验模型参数

G_0	κ	M_{cs}	ζ	ξ	e_{B0}	a	b	c
600	0.005	1.78	0.019	0.7	0.356	1622.1	6.7068	0.0046
β	h_0	n_b	d_0	α	n_d	h_s	n	
0.1721	2.1	1.25	0.75	15	1.32	22.3	1.2	

图 6-3 和图 6-4 所示分别为堆石料的常规三轴剪切试验与模拟预测结果的对比。

由图 6-3 可以看出，当初始围压较大时，试样一直表现出剪缩现象，应力应变特性表现为硬化现象；而当初始围压较小时，试样表现出先剪缩后剪胀现象，应力应变特性表现为少量的应变软化现象。

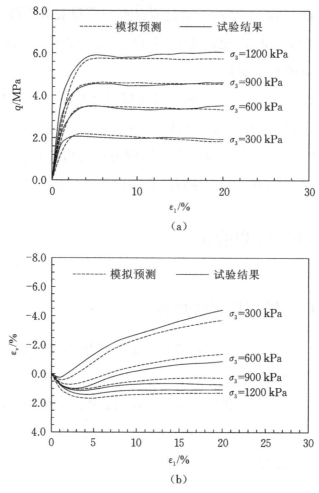

图 6-3　$e_0 = 0.282$ 的堆石料常规三轴剪切试验与模拟预测结果对比

(a)剪应力与轴向应变的关系曲线；(b)体积应变与轴向应变的关系曲线

由图 6-4 可以看出，当初始孔隙比较大时，在剪切过程中，试样一直表现出剪缩现象，应力应变特性表现为硬化现象；当初始孔隙比较小时，试样表现出先剪缩后剪胀现象，应力应变表现为初始硬化现象，达到峰值强度后，表现为少量的软化现象。通过对比分析可知，所建议的本构模型能够较好地模拟由于颗粒破碎引起的堆石料的应力应变特性。

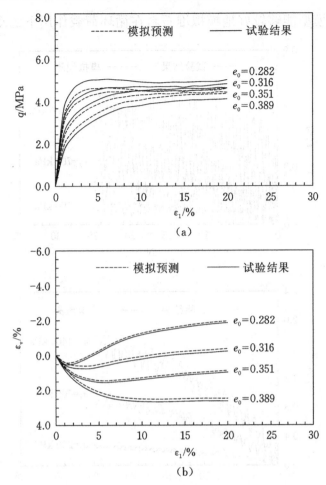

图 6-4　$\sigma_3 = 900$ kPa 的堆石料常规三轴剪切试验与模拟预测结果对比

(a)剪应力与轴向应变的关系曲线；(b)体积应变与轴向应变的关系曲线

6.7.2　常规三轴循环试验模拟

采用建议的本构模型对某心墙堆石坝主堆石料的循环三轴试验结果进行模拟[254]，模型参数见表 6-3。

表 6-3　常规三轴循环试验模型参数

G_0	κ	M_{cs}	ζ	ξ	e_{B0}	a	b	c
1300	0.003	1.69	0.027	0.7	0.534	1090.5	3.085	0.0059

β	h_0	n_b	d_0	α	n_d	h_s	n	
0.0831	3.3	1.37	1.3	20	1.56	19.6	1.05	

图 6-5 所示为所对应的试验和模拟预测结果的对比，包括轴向应变和体积应变与循环振次的关系曲线。从堆石料的常规三轴循环试验与模拟预测结果的对

比可以看出,该模型能够较好地模拟堆石料在循环荷载作用下的动力变形特性。

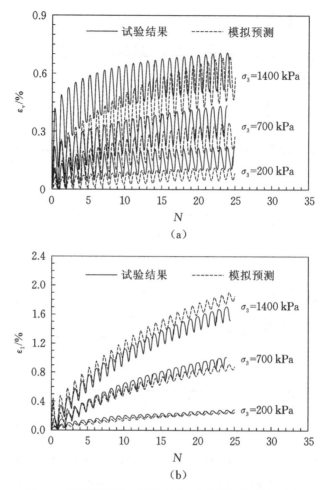

图 6-5　堆石料常规三轴循环试验与模拟预测结果对比

(a)体积应变与循环振次的关系曲线;(b)轴向应变与循环振次的关系曲线

6.7.3　循环扭剪试验模拟

为验证模型在其他应力路径下的有效性,循环扭剪试验采用的是罗刚[253]针对福建标准砂进行的排水循环扭剪试验资料,具体模型参数见表 6-4。

表 6-4　循环扭剪试验模型参数

G_0	κ	M_{cs}	ζ	ξ	e_{B0}	a	b	c
200	0.008	1.65	0.023	0.7	0.931	2300	5.203	0.008
β	h_0	n_b	d_0	α	n_d	h_s	n	
0.09	1.8	1.6	0.69	20	1.62	20.5	1.0	

图 6-6 所示为砂土的排水循环扭剪试验和模拟预测结果的对比。由图 6-6 可以看出,数值模拟与试验结果较为相近,表明该模型能够较好地模拟砂土在循环剪切荷载作用下的应力应变滞回特性和残余变形的累积效应。

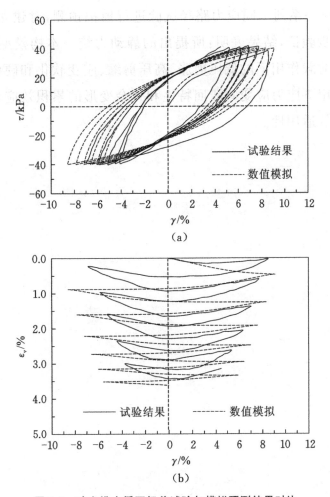

图 6-6　砂土排水循环扭剪试验与模拟预测结果对比

(a)剪应力与剪应变的关系曲线;(b)体积应变与剪应变的关系曲线

6.8　小结

本章是在堆石料应力应变特性规律认识的基础上,建立一个可以合理描述颗粒破碎效应的堆石料静动力统一弹塑性本构模型,并给出模型参数的具体确定方法,通过多种应力路径的试验对模型进行有效验证,主要结论有:

(1)基于堆石料在压缩和剪切作用下的颗粒破碎特性规律,在吸取边界面理论和临界状态理论优点的基础上,通过引入压缩破碎和剪切破碎等相关参数,借鉴已有的本构模型,建立了一个可以合理考虑颗粒破碎和状态的堆石料静动力统一弹塑性本构模型。

(2)通过对一系列不同应力路径试验进行模拟预测,对建立的本构模型的有效性进行初步验证,结果表明:所提出的静动力统一本构模型能够合理描述堆石料在静力荷载作用下的低压剪胀、高压剪缩、应变软化和硬化等特性,以及在循环荷载作用下应力应变的滞回特性和残余变形的累积效应,初步验证了该模型具有良好的适用性。

第7章 紫坪铺面板堆石坝动力反应分析

紫坪铺面板堆石坝作为国内外迄今为止唯一的经历过强震考验的面板堆石坝,其震害资料可为深入研究高堆石坝的震害机理以及验证数值方法提供良好条件。本章以紫坪铺面板堆石坝为研究对象,静力反应分析采用 E-B 模型,动力反应分析采用等效线性黏弹性模型,堆石料的残余变形模型采用第 5 章提出的改进的堆石料残余变形模型,分析了该面板堆石坝加速度反应和残余变形特性规律。通过试验结果与震害结果的对比分析,初步验证了改进的堆石料残余变形模型的有效性。

7.1 工程概况

紫坪铺水利枢纽工程位于我国四川省都江堰市麻溪乡岷江上游干流处,是一座主要以灌溉、城市供水为主,兼顾防洪、发电、旅游等综合效益的水利工程。该枢纽工程主要由混凝土面板堆石坝、溢洪道、引水发电系统、冲砂放空洞、泄洪排砂洞等组成,最大坝高 156 m。2008 年 5 月 12 日汶川大地震导致紫坪铺水利枢纽工程大坝受损,发电机组全部停机,该枢纽工程于 2008 年 8 月 21 日完成永久修复。紫坪铺面板堆石坝的平面布置图如图 7-1 所示,典型断面的剖面图如图 7-2 所示。

7.2 紫坪铺面板堆石坝震害现象

汶川地震造成紫坪铺面板堆石坝发生大量破坏现象,比如:产生了明显的残余变形,面板发生错台、脱空以及挤压破坏等现象。根据紫坪铺面板堆石坝在断面 0+251 m 处的监测资料可知:地震导致大坝产生的沉降最大值为 0.81 m,位于河床中部的 0+251 m 断面上的 850 m 高程处,如图 7-3(a)所示;顺水流方向水平变形,表现为坝体整体向下游移动,如图 7-3(b)所示。由于本章仅为验证改进的残余变形模型的有效性,所以仅对计算的残余变形与实测结果进行对比分析。

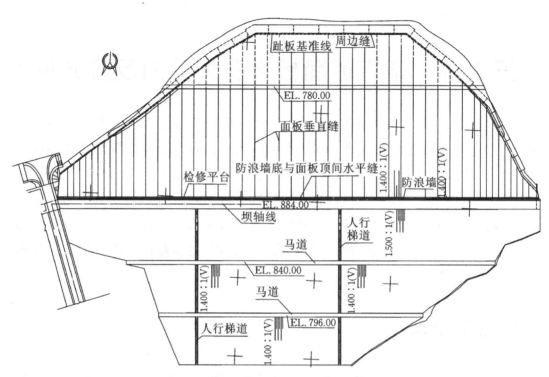

图 7-1　紫坪铺面板堆石坝的平面布置图[251]

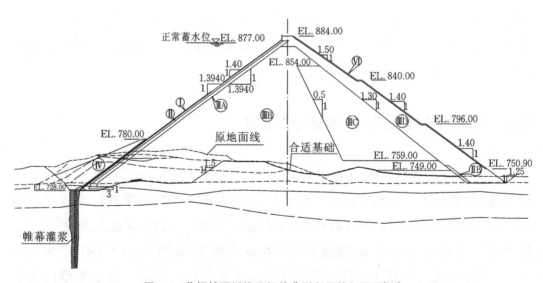

图 7-2　紫坪铺面板堆石坝的典型断面的剖面图[251]

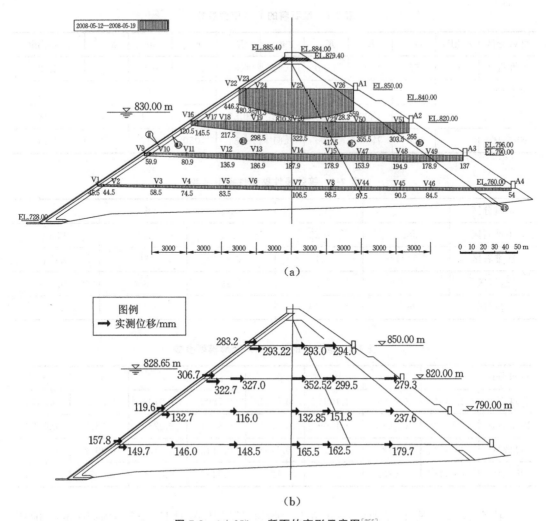

图 7-3　0+251 m 断面的变形示意图[255]

(a)0+251 m 断面的竖向沉降;(b)0+251 m 断面的水平位移

7.3　边界条件和模型参数

面板、防浪墙和坝顶采用线弹性模型,杨氏模量 $E=28$ GPa,泊松比 $\nu=0.167$;面板和垫层料、面板垂直缝以及周边缝均采用三维 Goodman 单元模拟,堆石料的静力计算采用 E-B 模型,动力反应分析采用等效线性黏弹性模型,堆石料的残余变形模型采用改进的残余变形模型,具体模型参数分别见表 7-1[255]、表 7-2 和表 7-3。

表 7-1 堆石料的 E-B 模型参数

材料分区	c/kPa	φ/°	K	K_{ur}	n	R_f	K_b	m	$\Delta\varphi$/°	ρ/(kg/m³)
主堆石区	0	56	1500	4500	0.62	0.86	1000	0.1	10	2.22
次堆石区	0	53	1400	4200	0.57	0.82	1000	0.007	9	2.42
过渡区	0	59	1300	3900	0.63	0.81	950	0.01	14	2.38
垫层区	0	57	1500	4500	0.61	0.84	1050	0.17	12	2.26

表 7-2 等效线性黏弹性模型参数

材料分区	k_2	λ_{max}	ν	k_1	n
主堆石区	3825	0.23	0.33	40	0.343
次堆石区	3221	0.15	0.33	39	0.454
过渡区	1995	0.23	0.33	38	0.46
垫层区	2655	0.20	0.33	38	0.442

表 7-3 堆石料的改进残余变形模型参数

材料分区	$\alpha_{\gamma1}$	$\alpha_{\gamma2}$	$\beta_{\gamma1}$	$\beta_{\gamma2}$	α_{v1}	α_{v2}	β_{v1}	β_{v2}
主堆石区	2.8584	0.0679	1.1061	0.2431	0.7892	0.0143	0.9521	0.0373
次堆石区	2.7382	0.0865	1.1009	0.3211	0.8461	0.0283	0.9325	0.0426
过渡区	2.5673	0.0783	1.1212	0.2133	0.8143	0.0132	0.8972	0.0256
垫层区	2.6534	0.0832	1.2319	0.1324	0.7442	0.0189	0.8034	0.0432

孔宪京等[5]从工程地震分析角度,验证了采用茂县地震台主震记录的地震加速度作为汶川地震时紫坪铺面板堆石坝的输入地震加速度的可行性,本章输入的地震加速度为顺水流方向、竖直向和坝轴向的峰值加速度,分别为 $0.55g$、$0.37g$ 和 $0.55g$,输入的地震加速度时程曲线如图 7-4 所示。

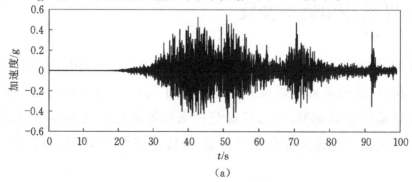

(a)

图 7-4 坝基输入的加速度时程曲线

(a)顺水流方向;(b)竖直向;(c)坝轴向

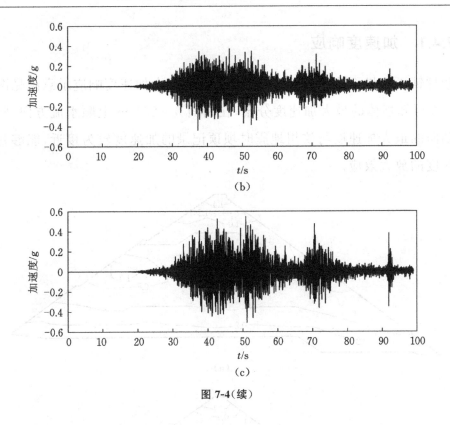

（b）

（c）

图 7-4（续）

7.4　面板堆石坝三维动力计算

紫坪铺面板堆石坝三维计算网格如图 7-5 所示，共 4452 个节点，4593 个单元，进行动力反应分析时坝基输入的加速度时程曲线见图 7-4。

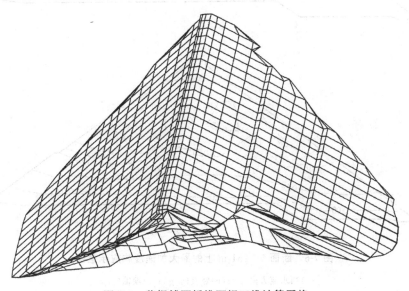

图 7-5　紫坪铺面板堆石坝三维计算网格

7.4.1 加速度响应

紫坪铺面板堆石坝在断面 0+251 m 上的最大加速度响应示意图见图 7-6。由图 7-6 可知坝体的最大加速度分布,在断面 0+251 m 上顺水流方向、竖直向和坝轴向的最大加速度与汶川地震时坝顶记录的加速度较为接近,能够初步反映加速度的放大效应。

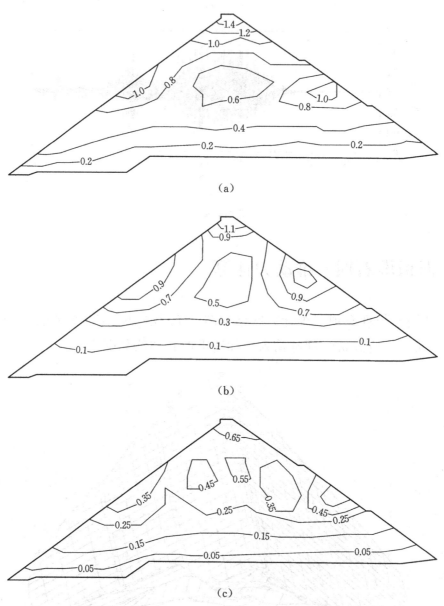

图 7-6　断面 0+251 m 上的最大加速度响应示意图

(a)顺水流方向(g);(b)竖直向(g);(c)坝轴向(g)

7.4.2　残余变形分析

紫坪铺面板堆石坝在断面 0＋251 m 上的残余变形分布如图 7-7 所示。由图 7-7 可知,在断面 0＋251 m 上坝体顺水流方向的最大残余变形为 0.327 m,顺水流方向位移在坝顶附近指向下游侧,且坝体中部均有向两侧鼓出;竖直向坝体的最大沉降发生在坝体顶部,最大的沉降值为 0.981 m。

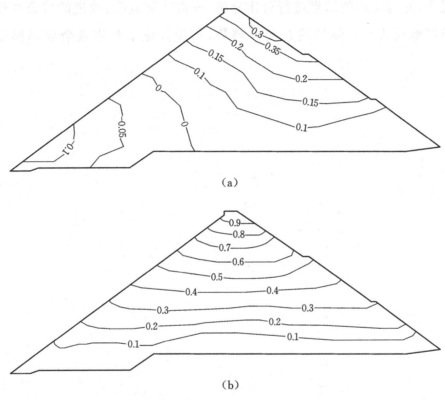

(a)

(b)

图 7-7　断面 0＋251 m 上的残余变形分布

(a)顺水流方向位移(m);(b)竖直向沉降(m)

7.4.3　与实测变形的对比分析

对比分析坝体在 0＋251 m 断面的计算值与实测变形可以发现,计算残余变形的大体分布与实测变形规律相符,趋势基本相同,但数值大小有所不同,这主要与材料分区的简化、动荷载的输入机制等因素有关,但由此可以初步验证改进后的残余变形模型的有效性。

7.5　小结

本章以紫坪铺面板堆石坝为研究对象,堆石料的静力计算采用 E-B 模型,动力反应分析采用等效线性黏弹性模型,残余变形模型采用第 5 章改进的残余变形模型,分析了该面板堆石坝在汶川地震时水位下的加速度反应和残余变形特性规律,并与实测的结果进行对比分析,分析结果表明:改进的残余变形模型能够较好地反映堆石体的残余变形趋势,初步验证了改进残余变形模型的有效性。

第8章　主要成果及研究展望

高堆石坝筑坝材料的静动力特性及其本构模型研究一直是当前岩土工程领域的热点研究课题。本课题通过对堆石料在静动力荷载作用下的变形特性进行试验研究，基于试验成果，改进已有的堆石料残余变形模型，并从压缩和剪切两个方面考虑颗粒破碎效应的影响，建立了考虑颗粒破碎和状态的堆石料静动力统一本构模型，进行了模型的初步验证。本章是将研究成果、存在的不足以及进一步的研究展望进行总结。

8.1　主要的研究成果

（1）通过对堆石料进行一系列不同应力路径的静力三轴试验，研究了堆石料的压缩特性、剪切特性、应力应变特性、颗粒破碎特性、临界状态、剪胀特性等力学特性，主要成果有：

① 堆石料的峰值摩擦角 φ_f、剪胀摩擦角 φ_d 和临界状态摩擦角 φ_{cs} 与其围压 σ_3 归一化的对数函数都存在良好的线性关系，即随着围压的增加，三者均有不同程度的降低。

② 当平均应力 p 较小时，颗粒破碎不明显，堆石料的压缩曲线的斜率较小；当平均应力 p 较大时，颗粒破碎较多，曲线发生较大弯曲；堆石料的峰值应力比 M_f 随着平均应力 p 的增加而降低，而剪胀应力比 M_d 则随着平均应力 p 的增加而增加。

③ 堆石料的应力应变特性与其应力路径有关，不同的应力路径对其影响较大；在等 p 应力路径下，应力比的变化既可以引起偏应变，也可引起体积应变；在等应力比应力路径下，平均应力 p 的变化既可以引起体积应变，也可以引起偏应变。

④ 堆石料的相对颗粒破碎率 B_r 与围压 σ_3 的归一化之间存在良好的双曲线函数关系，峰值摩擦角 φ_f 与相对颗粒破碎率 B_r 之间满足幂函数关系，相对颗粒破碎率 B_r 与塑性功 W_p 之间存在双曲线函数关系，不同应力路径对其相

对颗粒破碎率 B_r 与塑性功 W_p 的关系影响不大。

⑤ 当应力比较小时,剪胀速率 D^p 与应力比 η 呈非线性关系;随着应力比的增加,剪胀速率与应力比呈较好的线性关系;当应力比超过峰值应力比后,剪胀速率线发生转向,基于堆石料的三轴试验结果和已有的剪胀速率关系式,笔者提出了相关的剪胀速率关系式。

⑥ 堆石料的临界状态线在 q-p 平面内基本为一直线;在 e-$(p/p_a)^\xi$ 平面内随着相对颗粒破碎率 B_r 的增加,临界状态线发生偏移;参考临界孔隙比 e_{cs0} 与相对颗粒破碎率 B_r 之间存在良好的指数函数关系。

(2) 通过对堆石料分别进行常规三轴循环加载、偏应力循环加载和球应力循环加载三种不同应力路径试验研究,系统地探讨了堆石料在等幅循环荷载和不规则荷载作用下的变形规律及其物理机制,主要成果有:

① 无论是在等幅循环荷载还是不规则循环荷载作用下,剪切和压缩作用分别引起的偏应变和体积应变均可分为可逆性和不可逆性两部分。可逆性变形主要与颗粒之间的可恢复性的相对滑移和转动有关,不可逆性变形主要与加载过程中大孔隙的消失、平均孔隙率的减小及颗粒破碎有关。

② 偏应力引起的可逆性体积应变具有以下特点:在一个循环加载周期中,可逆性体积应变总为负值;当动应力比达到最大值时,往返体积应变达到最小值,即试样发生剪胀现象;当动应力比达到最小值时,往返体积应变基本为零,即试样反向剪切时未发生明显剪胀现象。

③ 球应力循环荷载作用产生的不可逆性体积应变的原因可能是:在等幅循环荷载作用下,由于堆石料发生大量颗粒破碎,导致产生较大的不可逆性体积应变;在等向固结状态下,由于堆石料具有较强的各向异性,在球应力循环作用下堆石料存在潜在的循环剪切作用引起体积收缩;随着固结应力比的增加,土骨架结构趋于更加紧密的状态,导致不可逆性体积应变随着固结应力比的增加而减小。不可逆性偏应变产生的原因可能是:由于堆石料初始的各向异性程度较大,轴向杨氏模量大于侧向杨氏模量,导致试样的轴向应变明显小于侧向应变,在等向固结状态下,在球应力循环作用下产生的偏应变为负值;固结应力比的增加致使土体内部存在初始剪应力,从而使得土体的各向异性增强,有利于轴向应变的发展,最终导致偏应变方向发生变化。

④ 在循环荷载作用的初始阶段,剪切引起的残余变形的增长速率较大,随着循环振次的增加,不可逆性体积应变的累积速率不断减小,在循环作用下堆

石料趋于硬化;当围压较小且动应力比较大时,不可逆性体积应变也可以出现剪胀现象,这也是在地震荷载作用下坝体下游坝坡出现向外滑落现象的原因。

(3)在已有残余变形模型的基础上,基于试验结果分析,通过在残余剪应变和残余体积应变关系式中引入初始平均应力和剪应力比,以更好地反映坝体的残余变形特性,提出了改进的堆石料残余变形模型,并进行了模型的初步验证。

(4)基于堆石料在压缩和剪切作用下的颗粒破碎特性规律,在吸收边界面理论和临界状态理论优点的基础上,通过引入压缩破碎和剪切破碎的相关参数,借鉴已有的本构模型,建立了一个可以合理考虑颗粒破碎和状态的堆石料静动力统一本构模型,并通过不同应力路径条件下的模拟试验,初步验证了改进模型的合理性。

(5)以紫坪铺面板堆石坝为研究对象,堆石体静力计算采用 E-B 模型,动力反应分析采用等效线性黏弹性模型,堆石料的残余变形模型采用改进的残余变形模型,分析了该面板堆石坝在汶川地震时水位下的加速度反应和残余变形特性规律,并与实测的结果进行对比分析,初步验证了堆石料改进残余变形模型的有效性。

8.2　存在的不足

限于笔者的研究能力和本课题的研究时间有限,本书的研究内容还有诸多不足和需要改进之处,以下从试验和模型两方面分别叙述:

8.2.1　试验研究

(1)由于部分试验内容是基于横向课题项目的试验结果,堆石料的静动力试验的围压都不是特别大,应进一步开展高应力状态和复杂应力条件下堆石料的静动力特性试验研究。

(2)目前仅对堆石料的静动力试验进行了一系列试验研究,如在新疆地区堆石坝多以砂砾料为筑坝材料,应进一步对砂砾料进行一系列静动力特性试验探讨分析。

8.2.2　本构模型

(1)基于已有的试验成果,提出的改进堆石料残余变形模型,仅以紫坪铺面板堆石坝进行了验证,还需进一步细化,逐步应用于其他堆石坝的动力反应分析。

(2)基于已有的试验成果,提出的考虑颗粒破碎和状态的堆石料静动力统一弹塑性本构模型,目前仅实现了单元试验的模拟,并未能实现数值化计算分析。

8.3　进一步的研究展望

8.3.1　试验研究及设备研发

(1)深入开展高应力和复杂应力状态条件下粗粒土的静动力力学特性试验研究,探讨粗粒土在静动力荷载作用下强度特性、应力应变特性、颗粒破碎特性、剪胀特性和临界状态等力学特性,进一步验证建立的考虑颗粒破碎效应和状态的堆石料静动力统一本构模型的合理性。

(2)研发大型粗粒土的静动力试验设备,如超大型静动三轴试验仪、平面应变仪、真三轴试验仪和扭剪仪,探讨缩尺效应、中主应力、各向异性等因素对粗粒土强度和变形的影响规律。

(3)以离散元分析方法和室内试验为手段,通过多学科交叉与融合,研究堆石料细观结构的组构描述和演化机理、宏细观变形机制与随机颗粒不连续分析方法,建立高堆石坝的全过程变形控制理论与分析方法。

8.3.2　本构模型及其数值化

(1)进一步改进本构模型的映射规则和各参量的表达式,建立更加符合实际变形特性的粗粒土静动力统一本构模型,以获得更好的模拟预测效果。

(2)针对当前常用的数值方法,探求更加准确、高效和稳定的数值计算方法,特别是在并行计算、高效计算等方面开展进一步的探索,进一步优化模型算法。

(3)进一步探索全自动高效的跨尺度建模方法,建立相对传统有限元法,单元数更少、建模效率与计算效率更高、计算精度却能保持不变的快速剖分网格方法。

参 考 文 献

[1] 国家发展改革委,外交部,商务部.推动共建丝绸之路经济带和 21 世纪海上丝绸之路的愿景与行动[EB/OL].(2015-03-28)[2022-12-01].http://www.ndrc.gov.cn/gzdt/201503/t20150328_669091.html.

[2] 中华人民共和国中央人民政府.中华人民共和国国民经济和社会发展第十三个五年规划纲要[EB/OL].(2016-03-17)[2022-12-01].http://www.gov.cn/xinwen/2016-03/17/content_5054992.html.

[3] 国家能源局.水电发展"十三五"规划[EB/OL].(2016-11-29)[2022-12-01].http://www.nea.gov.cn/2016-11/29/c_135867663.html.

[4] 陈生水.土石坝地震安全问题研究[M].北京:科学出版社,2015.

[5] 孔宪京,邹德高.紫坪铺面板堆石坝震害分析与数值模拟[M].北京:科学出版社,2014.

[6] 孔宪京.混凝土面板堆石坝抗震性能[M].北京:科学出版社,2015.

[7] 孔宪京,邹德高.高土石坝地震灾变模拟与工程应用[M].北京:科学出版社,2016.

[8] 贾金生.中国大坝建设 60 年[M].北京:中国水利水电出版社,2013.

[9] 水电水利规划设计总院,中国电建集团昆明勘测设计研究院有限公司,水利水电土石坝工程信息网,等.中国混凝土面板堆石坝 30 年——引进·发展·创新·超越[C].北京:中国水利水电出版社,2016.

[10] CRISTIAN J N G.Mechanical behavior of rockfill materials—Application to concrete face rockfill dams[D].Paris:Ecole Centrale Paris,2011.

[11] 郦能惠.高混凝土面板堆石坝新技术[M].北京:中国水利水电出版社,2007.

[12] 周建平,杨泽艳,陈观福.我国高坝建设的现状和面临的挑战[J].水利学报,2006,37(12):1433-1438.

[13] 马洪琪,曹克明.超高面板坝的关键技术问题[J].中国工程科学,2007,9(11):4-10.

[14] 徐泽平,邓刚.高面板堆石坝的技术进展及超高面板堆石坝关键技术问题探讨[J].水利学报,2008,39(10):1226-1334.

[15] 郦能惠,杨泽艳.中国混凝土面板堆石坝的技术进步[J].岩土工程学报,2012,34(8):1361-1368.

[16] MA H Q,CHI F D.Major technologies for safe construction of high earth-rockfill dams[J].Engineering,2016,2(4):498-509.

[17] 马洪琪.300m 级面板堆石坝适应性及对策研究[J].中国工程科学,2011,13(12):4-8.

[18] 杨泽艳,周建平,苏丽群,等.300m 级高面板堆石坝适应性及对策研究综述[J].水力发电,2012,38(6):25-29.

［19］杨泽艳,周建平,王富强,等.300m级高面板堆石坝安全性及关键技术研究综述［J］.水力发电,2016,42(9):41-45.

［20］陈生水,霍家平,章为民."5·12"汶川地震对紫坪铺混凝土面板坝的影响及原因分析［J］.岩土工程学报,2008,30(6):795-801.

［21］关志诚.紫坪铺水利枢纽工程5·12震害调查与安全状态评述［J］.中国科学(E辑:技术科学),2009,39(7):1291-1303.

［22］孔宪京,邹德高,周扬,等.汶川地震中紫坪铺混凝土面板堆石坝震害分析［J］.大连理工大学学报,2009,49(5):667-674.

［23］赵剑明,周国斌,关志诚,等.紫坪铺"5·12"震害对面板堆石坝抗震措施的若干启示［J］.水电能源科学,2012,30(1):24-27.

［24］陈厚群,徐泽平,李敏.汶川大地震和大坝抗震安全［J］.水利学报,2008,39(10):1158-1167.

［25］陈厚群.汶川地震后对大坝抗震安全的思考［J］.中国工程科学,2009,11(6):44-53.

［26］陈厚群,徐泽平,李敏.关于高坝大库与水库地震的问题［J］.水力发电学报,2009,28(5):1-7.

［27］陈生水,方绪顺,钱亚俊.高土石坝地震安全性评价及抗震设计思考［J］.水利水运工程学报,2011(1):17-21.

［28］朱晟.土石坝震害与抗震安全［J］.水力发电学报,2011,30(6):40-51.

［29］刘祖德,陆士强,包承钢,等.土的抗剪强度特性［J］.岩土工程学报,1986,8(1):6-46.

［30］DE MELLO V F B. Reflections on design decisions of practical significance to embankment dams［J］.Géotechnigue,1977,27(3):279-354.

［31］DUNCAN J M, BYRNE P, WONG K S, et al. Strength, stress-strain and bulk modulus parameter for finite element analyses of stresses and movements in soil masses［R］.Berkeley:University of California,1980.

［32］CHARLES J A, WATTS K S. The influence of confining pressure on the shear strength of compacted rockfill［J］.Géotechnique,1980,30(4):353-367.

［33］INDRARATNA B, WIJEWARDENA L S S, BALASUBRAMANIAM A S. Large-scale triaxial testing of greywacke rockfill［J］.Géotechnique,1993,43(1):37-51.

［34］殷家瑜,赖安宁,姜朴.高压力下尾矿砂的强度与变形特性［J］.岩土工程学报,1980,2(2):1-10.

［35］郭庆国.粗粒土的工程特性及应用［M］.郑州:黄河出版社,1998.

［36］张启岳.砂卵石料的强度和应力应变特性［J］.水利水运科学研究,1985(3):133-145.

［37］田树玉.粗粒土抗剪强度特性的研究［J］.大坝观测与土工测试,1997,21(2):35-38.

[38] 梁军.不同应力路径堆石料的抗剪强度特性[J].四川水利,1996,17(4):32-37.

[39] 姜景山,刘汉龙,程展林,等.密度和围压对粗粒土力学性质的影响[J].长江科学院院报,2009,26(8):46-50.

[40] 郭熙灵.大型扭剪仪在粗粒材料研究中的应用[J].长江科学院院报,1994,11(2):67-74.

[41] 石修松.平面应变条件下堆石料强度和中主应力研究[D].武汉:长江科学院,2011.

[42] 施维成.粗粒土真三轴试验与本构模型研究[D].南京:河海大学,2008.

[43] MARSAL R J.Large scale testing of rockfill materials[J].Journal of the soil mechanics and foundations division,1967,93(2):27-43.

[44] INDRARATNA B,IONESCU D,CHRISTIE H D.Shear behavior of railway based on large-scale triaxial tests [J].Journal of geotechnical and geoenvironmental engineering,1998,124(5):439-449.

[45] XIAO Y,LIU H L,CHEN Y M,et al.Strength and deformation of rockfill material based on large-scale triaxial compression tests. I:influences of density and pressure [J].Journal of geotechnical and geoenvironmental engineering,2014,140(12):1-16.

[46] XIAO Y,LIU H L,CHEN Y M,et al.Strength and deformation of rockfill material based on large-scale triaxial compression tests. II:influences of particle breakage[J]. Journal of geotechnical and geoenvironmental engineering,2014,140(12):1-10.

[47] 刘萌成,高玉峰,刘汉龙.堆石料变形与强度特性的大型三轴试验研究[J].岩土力学与工程学报,2003,22(7):1104-1111.

[48] 秦红玉,刘汉龙,高玉峰.粗粒料强度和变形的大型三轴试验研究[J].岩土力学,2004,25(10):1575-1580.

[49] 徐明,陈金锋,宋二祥.陡坡寺中微风化料的大型三轴试验研究[J].岩土力学,2010,31(8):2496-2500.

[50] 秦尚林,陈善雄,韩卓,等.巨粒土大型三轴试验研究[J].岩土力学,2010,31(增2):189-192.

[51] 徐志华,孙大伟,张国栋.堆石料应力应变特性大型三轴试验研究[J].岩土力学,2017,38(6):1-8.

[52] 刘萌成,高玉峰,刘汉龙,等.粗粒料大三轴试验研究进展[J].岩土力学,2002,23(2):217-221.

[53] 李小梅,关云飞,凌华,等.考虑级配影响的堆石料强度与变形特性[J].水利水运工程学报,2016(4):32-39.

[54] 凌华,傅华,韩华强.粗粒土强度和变形的级配影响试验研究[J].岩土工程学报,2017,

39(增1):12-16.

[55] 孙岳崧,濮家骝,李广信.不同应力路径对砂土应力-应变关系影响[J].岩土工程学报, 1987,9(6):78-88.

[56] 许成顺,文利明,杜修力,等.不同应力路径条件下的砂土剪切特性试验研究[J].水利 学报,2010,41(1):108-112.

[57] 张林洪,刘荣佩,谢婉丽.等应力比路径条件下堆石料的应力应变特性[J].大坝观测与 土工测试,2001,25(4):46-49.

[58] 谢婉丽,王家鼎,张林洪.土石粗粒料的强度和变形特性的试验研究[J].岩土力学与工 程学报,2005,24(3):430-437.

[59] 梁彬.粗粒土复杂应力路径试验研究[D].南京:河海大学,2007.

[60] 张如林.模拟大坝实际应力路径下堆石料本构关系研究[D].大连:大连理工大 学,2008.

[61] 刘萌成,高玉峰,刘汉龙.应力路径条件下堆石料剪切特性大型三轴试验研究[J].岩石 力学与工程学报,2008,27(1):176-186.

[62] 古兴伟,沈蓉,张永全.复杂应力路径下糯扎渡堆石料应力-应变特征研究[J].岩石力学 与工程学报,2008,27(增1):3251-3260.

[63] 杨光,孙逊,于玉贞,等.不同应力路径下粗粒料力学特性试验研究[J].岩土力学, 2010,31(4):1118-1122.

[64] 陈金锋,徐明,宋二祥,等.不同应力路径下石灰岩碎石力学特性的大型三轴试验研究 [J].工程力学,2012,29(8):195-201.

[65] 秦尚林,杨兰强,高惠,等.不同应力路径下绢云母片岩粗粒料力学特性试验研究[J]. 岩石力学与工程学报,2014,33(9):1932-1938.

[66] 王江营,曹文贵,蒋中明,等.不同应力路径下土石混填体变形力学特性大型三轴试验 研究[J].岩土力学,2016,37(2):424-430.

[67] HARDIN B O,DRNEVICH V P.Shear modulus and damping in soils:measurement and parameter effects[J].Journal of soil mechanics and foundations division,ASCE, 1972,98(SM6):603-624.

[68] HARDIN B O, DRNEVICH V P. Shear modulus and damping in soils: design equations and curves[J].Journal of soil mechanics and foundations division,ASCE, 1972,98(SM7):667-692.

[69] MATSUMOTO N, YASUDA N, KINOSHITA Y. Dynamic deformation characteristics of compacted rockfills by cyclic torsional simple shear tests[S].NIST Special Publication,1990,796:209-220.

［70］ YASUDA N，MATSUMOTO N.Dynamic deformation characteristics of sands and rockfill materials[J].Canadian geotechnical journal，1993，30(5)：747-757.

［71］ YASUDA N，MATSUMOTO N. Comparisons of deformation characteristics of rockfill materials using monotonic and cyclic loading laboratory tests and in situ tests[J].Canadian geotechnical journal，1994，31(2)：162-174.

［72］ YASUDA N，MATSUMOTO N，YOSHIOKA R，et al.Undrained monotonic and cyclic strength of compacted rockfill material from triaxial and torsional simple shear tests[J].Canadian geotechnical journal，1997，34(3)：357-367.

［73］ 陈国兴，谢君斐，张克绪.土的动模量和阻尼比的经验估计[J].地震工程与工程振动，1995，15(1)：73-84.

［74］ 孙静，袁晓铭.土的动模量和阻尼比研究述评[J].世界地震工程，2003，19(1)：88-95.

［75］ 孙静.岩土动剪切模量阻尼试验及应用研究[D].哈尔滨：中国地震局工程力学研究所，2004.

［76］ 袁晓铭，孙静.非等向固结下砂土最大动剪切模量增长模式及 Hardin 公式修正[J].岩土工程学报，2005，27(3)：264-269.

［77］ 孙悦，于啸波，袁晓铭，等.季冻区典型土动剪切模量阻尼比计算方法[J].岩土工程学报，2017，39(1)：116-128.

［78］ 蔡袁强，王军，徐长节.初始偏应力作用对萧山软黏土动弹模量与阻尼影响试验研究[J].岩土力学，2007，28(11)：2291-2302.

［79］ 何昌荣.动模量和阻尼的动三轴试验研究[J].岩土工程学报，1997，19(2)：39-48.

［80］ 张茹.土石坝心墙料及坝基细砂砾料动力特性试验研究[D].成都：四川大学，2002.

［81］ 张茹，陈群，何昌荣，等.某土石坝心墙料和坝基料动模量阻尼特性的试验研究[J].岩土力学，2008，29(增刊)：79-84.

［82］ 孔宪京，贾革续，邹德高，等.微小应变下堆石料的变形特性[J].岩土工程学报，2001，23(1)：32-37.

［83］ 孔宪京，娄树莲，邹德高，等.筑坝堆石料的等效动剪切模量与等效阻尼比[J].水利学报，2001(8)：20-25.

［84］ 贾革续，孔宪京.土工三轴试验方法——静动耦合试验[J].世界地震工程，2005，21(2)：1-6.

［85］ 刘汉龙，杨贵，陈育民.筑坝反滤料动剪切模量和阻尼比影响因素试验研究[J].岩土力学，2010，31(7)：2030-2039.

［86］ 王佳.粗粒土动弹性模量与阻尼比试验研究[D].长沙：中南大学，2013.

［87］ TANIGUCHI E，WHITMAN R V，MARR A. Prediction of earthquake induced deformation of earth dams[J].Soils and foundations,1983,23(4):126-132.

[88] 贾革续,孔宪京.粗粒土动残余变形特性的试验研究[J].岩土工程学报,2004,26(1):26-30.

[89] 刘小生,王钟宁,汪小刚,等.面板坝大型振动台模型试验与动力分析[M].北京:中国水利水电出版社,2005.

[90] 王昆耀,常亚屏,陈宁.往返荷载下粗粒土的残余变形特性[J].土木工程学报,2000,33(3):48-53.

[91] 阮元成,陈宁.察汗乌苏水电站坝基覆盖层土料残余变形特性[J].水力发电,2003,29(6):19-22.

[92] 阮元成,郭新.饱和尾矿料动力变形特性的试验研究[J].水利学报,2003(4):24-29.

[93] 阮元成,陈宁,常亚屏.察汗乌苏水电站坝体料残余变形特性试验研究[J].水利水电技术,2004,35(10):74-77.

[94] 阮元成,郭新.饱和尾矿料静、动强度特性的试验研究[J].水利学报,2004(1):67-73.

[95] 杨正权,刘启旺,刘小生,等.超深厚覆盖层中深埋细粒土动力变形和强度特性三轴试验研究[J].地震工程学报,2014,36(4):824-831.

[96] 杨正权,刘启旺,刘小生,等.超深厚覆盖层中深埋细粒土地震残余变形特性振动三轴试验研究[J].地震工程学报,2015,37(1):21-26.

[97] 迟世春,吕晓龙,贾宇峰.堆石料的动力残余应变模型[J].岩土工程学报,2016,38(2):370-376.

[98] 沈珠江,左元明.不同应力路线和不等应变幅值的往复荷载试验[J].水利水运科学研究,1986(1):77-85.

[99] 沈珠江,徐刚.堆石料的动力变形特性[J].水利水运科学研究,1996(2):143-150.

[100] 邹德高,孟凡伟,孔宪京,等.堆石料残余变形特性研究[J].岩土工程学报,2008,30(6):807-812.

[101] 邹德高,毕静,徐斌,等.加紧砂砾料残余变形特性研究[J].水力发电学报,2009,28(5):158-162.

[102] 于玉贞,刘治龙,孙逊,等.面板堆石坝筑坝材料动力特性试验研究[J].岩土力学,2009,30(4):909-914.

[103] 凌华,傅华,蔡正银,等.坝料动力变形特性试验研究[J].岩土工程学报,2009,31(12):1920-1924.

[104] 凌华,傅华,蔡正银,等.坝料动残余变形特性试验[J].河海大学学报(自然科学版),2010,38(5):532-537.

[105] 朱晟,周建波.粗粒筑坝材料的动力变形特性[J].岩土力学,2010,31(5):1375-1380.

[106] 姜森,黄斌,吴益平,等.粗粒料残余变形本构模型试验研究[J].人民长江,2010,41
(12):66-70.

[107] 曹培,王芳,严丽雪,等.砂砾料动残余变形特性的试验研究[J].岩土力学,2010,31
(增1):211-215.

[108] 刘汉龙,林永亮,凌华,等.加筋堆石料的动残余变形特性试验研究[J].岩土工程学
报,2010,32(9):1418-1421.

[109] 董威信,孙书伟,于玉贞,等.堆石料动力特性大型三轴试验研究[J].岩土力学,2011,
32(增2):296-301.

[110] 巩斯熠,黄斌.堆石料动力残余变形特性试验研究[J].长江科学院院报,2013,30(1):
47-51.

[111] 王玉赞,迟世春,邵磊,等.堆石料残余变形特性与参数敏感性分析[J].2013,34(3):
856-862.

[112] 傅华,韩华强,凌华,等.堆石料动永久变形特性试验研究[J].地震工程与工程振动,
2014,34(增刊):460-468.

[113] 杨青坡,邹德高,李云清,等.两种残余变形模型计算结果对比分析[J].人民长江,
2015,46(4):74-77.

[114] 孙志亮,孔令伟,郭爱国,等.循环荷载下堆积体残余变形特性[J].地震工程学报,
2015,37(2):481-486.

[115] 王庭博,傅中志,陈生水,等.堆石料动力残余应变模型研究[J].岩土工程学报,2016,
38(8):1399-1406.

[116] 傅华,韩华强,凌华.密度对粗颗粒材料动力特性影响试验研究[J].中国水利水电科
学研究院院报,2014,12(4):437-441.

[117] 傅华,韩华强,凌华.母岩性质对粗颗粒材料动力特性影响试验研究[J].三峡大学学
报(自然科学版),2014,36(5):56-59.

[118] 傅华,赵大海,韩华强,等.不同级配粗颗粒材料动力特性试验研究[J].岩土力学,
2016,37(8):2279-2284.

[119] 杨光,孙江龙,于玉贞,等.偏应力和球应力往返作用下粗粒料的变形特性[J].清华大
学学报(自然科学版),2009,49(6):822-825.

[120] 尹振宇,许强,胡伟.考虑颗粒破碎效应的粒状材料本构研究:进展及发展[J].岩土工
程学报,2012,34(12):2170-2180.

[121] 刘汉龙,孙逸飞,杨贵,等.粗粒料颗粒破碎特性研究述评[J].河海大学学报(自然科
学版),2012,40(4):361-369.

[122] 张家铭,汪稔,张阳明.土体颗粒破碎研究进展[J].岩土力学,2003,24(增刊):

661-665.

[123] LADE P V,YAMAMURO J A,BOPP P A.Significance of particle crushing in granular materials[J].Journal of geotechnical engineering ASCE,1996,122(4): 309-316.

[124] LEE K L,FARHOOMAND I.Compressibility and crushing of granular soil in anisotropic triaxial compression[J].Canadian geotechnical journal,1967,4(1): 68-86.

[125] 柏树田,崔亦昊.堆石料的力学性质[J].水力发电学报,1997(3):21-30.

[126] BIAREZ J,HICHER P Y.Influence of grading and grain breakage induced grading change on the mechanical behavior of granular materials[J].French journal of civil engineering,1997,1(4):607-631.

[127] NAKATA Y,HYDE A F L,HYODO M,et al.A probabilistic approach to sand particle crushing in the triaxial test[J].Géotechnique,1999,49(5):567-583.

[128] HARDIN B O.Crushing of soil particles[J].Journal of geotechnical engineering, 1985,111(10):1177-1192.

[129] EINAV I.Breakage mechanics-part I:theory[J].Journal of the mechanics and physics of solids,2007,55:1274-1297.

[130] EINAV I.Breakage mechanics-part II:modelling granular materials[J].Journal of the mechanics and physics of solids,2007,55:1298-1320.

[131] DAVID M W,KENICHI M.Changing grading of soil:effect on critical states[J]. Acta geotechnica,2008(3):3-14.

[132] INDRARATNA B,LACKENBY J,CHRISTIE D.Effect of confining pressure on the degradation of ballast under cyclic loading[J].Géotechnique,2005,55(4): 325-328.

[133] 吴京平,褚瑶,楼志刚.颗粒破碎对钙质砂变形及强度特性的影响[J].岩土工程学报, 1997,19(5):49-55.

[134] 刘汉龙,秦红玉,高玉峰,等.堆石粗粒料颗粒破碎试验研究[J].岩土力学,2005,26 (4):562-566.

[135] 孔宪京,刘京茂,邹德高,等.紫坪铺面板坝堆石料颗粒破碎试验研究[J].岩土力学, 2014,35(1):35-40.

[136] 蔡正银,李小梅,关云飞,等.堆石料的颗粒破碎规律研究[J].岩土工程学报,2016,38 (5):923-929.

[137] SUN D A,HUANG W X,SHENG D C,et al.An elastoplastic model for granular

materials exhibiting particle crushing [J].Key engineering materials,2007,340-341 (2):1273-1278.

[138] YAO Y P,YAMAMOTO H,WANG N D.Constitutive model considering sand crushing[J].Soils and foundations,2008,48(4):603-608.

[139] 孙吉主,罗新文.考虑剪胀性与状态相关的钙质砂双屈服面模型研究[J].岩石力学与工程学报,2006,25(10):2145-2149.

[140] 米占宽,李国英,陈铁林.考虑颗粒破碎的堆石料本构模型[J].岩土工程学报,2007,29(12):1865-1869.

[141] RUSSELL A R,KHALILI N.A bounding surface plasticity model for sands exhibiting particle crushing [J]. Canadian geotechnical journal, 2004, 41 (6): 1179-1192.

[142] 刘恩龙,覃燕林,陈生水,等.堆石料的临界状态探讨[J].水利学报,2012,43(5):505-511.

[143] DAOUADJI A,HICHER P,RAHMA A.An elastoplastic model for granular materials taking into account grain breakage [J].European journal of mechanics—A/Solids,2001,20(1):113-137.

[144] HU W,YIN Z Y,DANO C,et al.A constitutive model for granular materials considering particle crushing [J]. Science in China (series E), 2011, 54 (8): 2188-2196.

[145] 杨光,张丙印,于玉贞,等.不同应力路径下粗粒料的颗粒破碎试验研究[J].水利学报,2010,41(3):338-342.

[146] ROSCOE K H,SCHOFIELD A,WROTH C P.On the yielding of soils[J]. Géotechnique,1958,8(1):22-53.

[147] BEEN K,JEFFERIES M G,HACHEY J.The critical state of sands [J]. Géotechnique,1991,41(3):365-381.

[148] BEEN K,JEFFERIES M G.State parameter for sands[J].Géotechnique,1985,35 (2):99-112.

[149] MANZARI M,DAFALIAS Y.A critical state two-surface plasticity model for sands [J].Géotechnique,1997,47(2):255-272.

[150] MUIR W D,MAEDA K,NUKUDANI E.Modelling mechanical consequences of erosion [J].Géotechnique,2010,60(6):447-457.

[151] LI X S,WANG Y.Linear representation of steady-state line for sand[J].Journal of geotechnical and geoenvironmental engineering,1998,124(12):1215-1217.

[152] PAPADIMITRIOU A G,DAFALIAS Y F,YOSHIMINE M.Plasticity modeling of the effect of sample preparation method on sand response[J].Soils and foundations, 2005,45(2):109-124.

[153] YAN W,DONG J.Effect of particle grading on the response of an idealized granular assemblage[J].International journal of geomechanics,2011,11(4):276-285.

[154] MUIR W D,MAEDA K.Changing grading of soil:effect on critical states[J].Acta geotechnica,2008,3(1):3-14.

[155] FU P C,DAFALIAS Y F.Fabric evolution within shear bands of granular materials and its relation to critical state theory[J].International journal for numerical and analytical methods in geomechanics,2011,35(18):1918-1948.

[156] 蔡正银,李相崧.砂土的变形特性与临界状态[J].岩土工程学报,2004,26(5): 697-701.

[157] 丁树云,蔡正银,凌华.堆石料的强度与变形特性及临界状态研究[J].岩土工程学报, 2010,32(2):248-252.

[158] 刘恩龙,覃燕林,陈生水,等.堆石料的临界状态探讨[J].水利学报,2012,43(5): 505-511.

[159] 李罡,刘映晶,尹振宇,等.粒状材料临界状态的颗粒级配效应[J].岩土工程学报, 2014,36(3):452-457.

[160] 刘映晶,王建华,尹振宇,等.考虑级配效应的粒状材料本构模拟[J].岩土工程学报, 2015,37(2):299-305.

[161] 蔡正银,李晓梅,翰林,等.考虑级配和颗粒破碎影响的堆石料临界状态[J].岩土工程 学报,2016,38(8):1357-1364.

[162] SCHOFIELD A N, WROTH P. Critical state soil mechanics [M]. London: McGrawHill,1968.

[163] BIARZE J,HICHER P Y.Influence of grading and grain breakage induced grading change on the mechanical behavior of granular materials[J].French journal of civil engineering,1997,1(4):607-631.

[164] WAN R G,GUO P J.A simple constitutive model for granular soils:modified stress-dilatancy approach[J].Computers and geotechnics,1998,22(2):109-133.

[165] ISHIHARA K.Liquefaction and flow failure during earthquakes[J].Géotechnique, 1993,43(3):351-451.

[166] WANG Z L,DAFALIAS Y F,LI X S,et al.State pressure index for modeling sand behavior[J].Journal of geotechnical and geoenvironmental engineering,2002,128

(6):511-519.

[167] LASHKARI A.On the modeling of the state dependency of granular soils[J].
Computers and geotechnics,2009,36:1237-1245.

[168] 肖杨.堆石料三维强度准则及考虑颗粒破碎效应和状态相关本构模型研究[D].南京:
河海大学,2014.

[169] ROWE P W.The stress-dilatancy relation for static equilibrium of an assembly of
particles in contact[J].Proceedings of the royal society of London A:mathematical
and physical sciences,1962,269(1339):500-527.

[170] 蔡正银,李相崧.砂土的剪胀理论及其本构模型的发展[J].岩土工程学报,2007,29
(8):1122-1128.

[171] 介玉新,武海鹏,王乃东,等.岩土材料的剪胀方程[J].地下空间与工程学报,2011,7
(6):1086-1090.

[172] 杨雪强,陈晓平,宫全美,等.砂土的剪胀方程及其塑性势（Ⅰ）:发展现状[J].广东工
业大学学报,2012,29(1):9-14.

[173] 杨雪强,陈晓平,宫全美,等.砂土的剪胀方程及其塑性势（Ⅱ）:新的拓展[J].广东工
业大学学报,2012,29(2):38-44.

[174] 司洪洋.几种粗颗粒土的剪胀性质[J].水利水运科学研究,1986(2):45-51.

[175] 丁树云,毕庆涛.基于状态相关剪胀理论的堆石料强度与变形特性[M].北京:中国水
利水电出版社,2015.

[176] MANZARI M T,DAFALIAS Y F.A critical state two-surface plasticity model for
sands[J].Géotechnique,1997,47(2):255-272.

[177] CUBRINOVSKI M,ISHIHARA K.Modeling of sand behavior based on state
concept[J].Soils and foundations,1998,38(3):115-127.

[178] GAJO A,WOOD D M.Severn-trent sand:a kinematic-hardening constitutive
model:the q-p formulation [J].Géotechnique,1999,49(5):595-614.

[179] LI X S,DAFALIAS Y F.Dilatancy for cohesionless soils[J].Géotechnique,2000,50
(4):449-460.

[180] 孙吉主,施戈亮.基于状态参数的粗粒土应变软化和剪胀性模型研究[J].岩土力学,
2008,29(11):3109-3112.

[181] 罗刚,张建民.考虑状态变化的六参数砂土本构模型[J].清华大学学报(自然科学
版),2004,44(3):402-405.

[182] 刘萌成,高玉峰,刘汉龙.堆石料剪胀特性大型三轴试验研究[J].岩土工程学报,
2008,30(2):205-211.

[183] 褚福永,朱俊高.粗粒土剪胀特性研究现状与趋势[J].三峡大学学报(自然科学版),2013,35(4):70-73.

[184] 王占军,陈生水,傅中志.堆石料的剪胀特性与广义塑性本构模型[J].岩土力学,2015,36(7):1931-1938.

[185] DUNCAN J M,CHANG C Y.Nonlinear settlement analysis by finite element[J].Journal of geotechnical and geoenvironmental engineering,1975,101(5):601-614.

[186] 郑颖人,孔亮.岩土塑性力学[M].北京:中国建筑工业出版社,2010.

[187] 屈智炯,刘恩龙.土的塑性力学[M].北京:科学出版社,2011.

[188] 李广信.高等土力学[M].北京:清华大学出版社,2004.

[189] ROSCOE K H,THURAIRAJAH A,SCHOFIELD A N.Yielding of clays in states wetter than critical[J].Géotechnique,1963,13(3):211-240.

[190] 姚仰平.UH 模型系列研究[J].岩土工程学报,2015,37(2):193-217.

[191] LADE P V,DUNCAN J M.Cubical triaxial tests on cohesionless soil[J].Journal of the soil mechanics foundation division,1973,99(10):793-812.

[192] LADE P V,DUNCAN J M.Elastoplastic stress strain theory for cohesionless soil[J].Journal of the geotechnical engineering division,1975,101(10):1037-1053.

[193] DESAI C S,GALLAGHER R H.Mechanics of engineering materials[M].London:John Wiley and Sons,1984.

[194] DESAI C S,FARUQUE M O.Constitutive model for geological materials[J].Journal of engineering mechanics,1984,110(9):1391-1408.

[195] 黄文熙.土的工程性质[M].北京:水利电力出版社,1983.

[196] 李广信.土的清华弹塑性模型及其发展[J].岩土工程学报,2006,28(1):1-10.

[197] 沈珠江.南水双屈服面模型及其应用[G]//海峡两岸土力学及基础工程地工技术学术研讨会论文集.西安:[出版社不详],1994:152-159.

[198] 殷宗泽.一个土体的双屈服面应力-应变模型[J].岩土工程学报,1988,10(4):64-71.

[199] 殷宗泽,卢海华,朱俊高.土体的椭圆-抛物双屈服面模型及其柔度矩阵[J].水利学报,1996(12):23-28.

[200] 谢定义.土动力学[M].北京:高等教育出版社,2011.

[201] 姜朴,徐亦敏,娄炎.在周期荷载下砂土的孔隙压力与残余应变[J].华东水利学院院报,1984(2):46-53.

[202] MROZ Z.On the description of anisotropic workhardening[J].Journal of the mechanics and physics of solids,1967,15(3):163-175.

[203] MROZ Z,NORRIS V A,ZIENKIEWICZ O C.An anisotropic critical state model

for soils subject to cyclic loading[J].Géotechnique,1981,31(4):451-469.

[204] DAFALIAS Y F,POPOV E P. A model of nonlinearly hardening materials for complex loading[J].Acta mechanica,1975,21(3):173-192.

[205] BARDET J P.Bounding surface plasticity model for sands[J].Journal of engineering mechanics,1986,112(11):1198-1217.

[206] DAFALIAS Y F. Bounding surface plasticity. I : mathematical foundation and hypoplasticity[J].Journal of engineering mechanics,1986,112(9):966-987.

[207] DAFALIAS Y F,HERMANN L R.Bounding surface plasticity . II : application to isotropic cohesive soils [J]. Journal of engineering mechanics, 1986, 112 (12): 1263-1291.

[208] ANANDARAJAH A,DAFALIAS Y F.Bounding surface plasticity. III : application to anisotropic cohesive soils[J].Journal of engineering mechanics,1986,112(12): 1292-1318.

[209] WANG Z L,DAFALIAS Y F,SHEN C.Bounding surface hypoplasticity model for sand[J].Journal of engineering mechanics,1990,116(5):983-1001.

[210] LI X S.A sand model with state-dependent dilatancy[J].Géotechnique,2002,52(3): 173-186.

[211] 张建民.砂土动力学若干基本理论探究[J].岩土工程学报,2012,34(1):1-50.

[212] HASHIGUCHI K. Subloading surface model in unconventional plasticity [J]. International journal of solids and structures,1989,25(8):917-945.

[213] HASHIGUCHI K.Mechanical requirement and structures of cyclic plasticity[J]. International journal of plasticity,1993,9(6):721.

[214] PASTOR M,ZIENKIEWICZ O C,CHAN A. Generalized plasticity and the modelling of soil behaviour[J].International journal for numerical and analytical methods in geomechanics,1990,14(3):151-190.

[215] PASTOR M,ZIENKIEWICZ O C.A generalized plasticity hierarchical model for sand under monotonic and cyclic loading[J].Numerical models in geomechanics, 1986:131-150.

[216] ZIENKIEWICZ O C,CHAN A,PASTOR M,et al.Static and dynamic behaviour of soils:a rational approach to quantitative solutions. I .fully saturated problems[J]. Proceedings of the royal society of London A:mathematical and physical sciences, 1990,429(1877):285-309.

[217] IAI S,MATSUNAGA Y,KAMEOKA T.Parameter identification for a cyclic

mobility model［R］.Japan：Port and harbour research，Institute ministry of transport，1990，29(4)：57-83.

［218］ IAI S，MATSUNAGA Y，KANEOKA T.Strain space plasticity model for cyclic mobility[J].Soils and foundations，1992，32(2)：1-15.

［219］ 丰土根，刘汉龙，高玉峰，等.砂土多机构边界面塑性模型初探[J].岩土工程学报，2002，24(3)：382-385.

［220］ 刘汉龙，丰土根，高玉峰，等.砂土多机构边界面塑性模型及其试验验证[J].岩土力学，2003，24(5)：696-700.

［221］ VALANIS K C.A theory of viscoplasticity without a yield surface.Part Ⅰ—General theory［R］.DTIC Document，1970.

［222］ VALANIS K C.On the foundations of the endochronic theory of viscoplasticity[J].Archives of mechanis，1975，27(5)：857-868.

［223］ VALANIS K C，LEE C F.Endochronic theory of cyclic plasticity with applications [J].Journal of applied mechanics，1984，51(2)：367-374.

［224］ BAZANT Z P，BHAT P D.Endochronic theory of inelasticity and failure of concrete [J].Journal of the engineering mechanics division，1976，102(4)：701-722.

［225］ 张启岳，司洪洋.粗颗粒土大型三轴压缩试验的强度与应力-应变特性[J].水利学报，1982(9)：22-31.

［226］ 刘萌成，黄晓明，高玉峰.堆石料强度变形特性与非线性弹性本构模型研究[J].岩土力学，2004，25(5)：798-802.

［227］ 罗刚，张建民.邓肯-张模型和沈珠江双屈服面模型的改进[J].岩土力学，2004，25(6)：887-890.

［228］ 张嘎，张建民.粗颗粒土的应力应变特性及其数学描述研究[J].岩土力学，2004，25(10)：1587-1591.

［229］ 田堪良，张慧莉，骆亚生.堆石料的剪切强度与应力-应变特性[J].岩土力学与工程学报，2005，24(4)：657-661.

［230］ 张兵，高玉峰，毛金生.堆石料强度和变形性质的大型三轴试验及模型对比研究[J].防灾减灾工程学报，2008，28(1)：122-126.

［231］ 张兵，高玉峰.堆石料应力-应变关系的拟合方法研究[J].岩土力学，2010，31(7)：2342-2346.

［232］ 高莲士，黄志国，赵红庆，等.粘性土多种应力路径试验及一种新的非线性 K-G 模型验证［G］//中国土木工程学会第七届土力学及基础工程学术会议论文集.西安：［出版社不详］，1994：160-164.

[233] 高莲士,宋文晶.非线性解耦 K-G 模型及其特点[G]//土石坝与岩土力学技术研讨会论文集.都江堰:[出版社不详],2001:36-42.

[234] 高莲士,汪召华,宋文晶.非线性解耦 K-G 模型在高面板堆石坝应力变形分析中的应用[J].水利学报,2001(10):1-7.

[235] 张丙印,贾延安,张宗亮.堆石体修正 Rowe 剪胀方程与南水模型[J].岩土工程学报,2007,29(10):1443-1448.

[236] 王永明,朱晟,任金明,等.等应力比路径下堆石料双屈服面弹塑性模型研究[J].岩石力学与工程学报,2013,32(1):191-199.

[237] 王庭博,陈生水,傅中志."南水"双屈服面模型的两点修正[J].同济大学学报(自然科学版),2016,44(3):362-368.

[238] 史江伟,朱俊高,张丹,等.椭圆-抛物线双屈服面模型参数灵敏度分析[J].岩土力学,2011,32(1):70-76.

[239] 王海俊,董卫军,田志军,等.椭圆-抛物线双屈服面流变模型的应用与研究[J].水力发电学报,2017,36(1):96-103.

[240] 李万红,汪闻韶.无粘性土非线性动力剪应变模型[J].水利学报,1993(9):11-17.

[241] 赵剑明,汪闻韶,常亚屏,等.高面板坝三维真非线性地震反应分析方法及模型试验验证[J].水利学报,2003(9):12-18.

[242] 赵剑明,常亚屏,陈宁.强震区高混凝土面板堆石坝地震残余变形与动力稳定分析[J].岩石力学与工程学报,2004,23(增1):4547-4552.

[243] 孔亮,郑颖人,姚仰平.基于广义塑性力学的土体次加载面循环塑性模型(Ⅰ):理论与模型[J].岩土力学,2003,24(2):141-145.

[244] 孔亮,郑颖人,姚仰平.基于广义塑性力学的土体次加载面循环塑性模型(Ⅱ):本构方程与验证[J].岩土力学,2003,24(3):349-354.

[245] 陈生水,彭成,傅中志.基于广义塑性理论的堆石料动力本构模型研究[J].岩土工程学报,2012,34(11):1961-1968.

[246] FU Z Z, CHEN S S, PENG C. Modeling cyclic behavior of rockfill materials in a framework of generalized plasticity[J]. International journal of geomechanics, 2014, 14(2):191-204.

[247] 刘恩龙,陈生水,李国英,等.循环荷载作用下考虑颗粒破碎的堆石体本构模型[J].岩土力学,2012,33(7):1972-1978.

[248] LIU H B, ZOU D G, LIU J M. Constitutive modeling of dense gravelly soils subjected to cyclic loading[J]. International journal for numerical and analytical methods in geomechanics, 2014, 38(14):1503-1518.

[249] XU B,ZOU D G,LIU H B.Three-dimensional simulation of the construction process of the Zipingpu concrete face rockfill dam based on a generalized plasticity model[J].Computers and geotechnics,2012,43(6):143-154.

[250] ZOU D G,XU B,KONG X J,et al.Numerical simulation of the seismic response of the seismic response of the Zipingpu concrete face rockfill dam during the Wenchuan earthquake based on a generalized plasticity model[J].Computers and geotechnics,2013,44(4):111-122.

[251] 刘京茂.堆石料和接触面弹塑性本构模型及其在面板堆石坝中的应用研究[D].大连:大连理工大学,2015.

[252] 吴兴征.堆石料的静动力本构模型及其在混凝土面板堆石坝中的应用[D].大连:大连理工大学,2001.

[253] 罗刚.粒状土的可逆性和不可逆性变形规律与循环本构模型研究[D].北京:清华大学,2004.

[254] 杨光.复杂应力条件下堆石料的静动力特性与本构模型研究[D].北京:清华大学,2009.

[255] 张幸幸.堆石料弹塑性循环本构模型研究及应用[D].北京:清华大学,2015.

[256] 姚仰平,万征,陈生水.考虑颗粒破碎的动力 UH 模型[J].岩土工程学报,2011,33(7):1036-1044.

[257] PRISCO C,MORTARA G.A multi-mechanism model for plastic adaption under cyclic loading[J].International journal for numerical and analytical methods in geomechanics,2013,37(18):3071-3086.

[258] 王继庄.粗粒料的变形特性和缩尺效应[J].岩土工程学报,1994,16(4):89-95.

[259] 孔宪京,刘京茂,邹德高,等.堆石料尺寸效应研究面临的问题及多尺度三轴试验平台[J].岩土工程学报,2016,38(11):1941-1947.

[260] HU W,CHRISTOPHE D,PIERRE Y H.Experiments on a calcareous rockfill using a large triaxial cell[C].GeoShanghai 2010 International Conference,2010:255-260.

[261] 周伟,常晓林,马钢.高堆石坝变形宏细观机制与数值模拟[M].北京:科学出版社,2017.

[262] GUDEHUS G.A comprehensive constitutive equation for granular materials[J].Soils and foundations,1996,36(1):1-12.

[263] BAUER E.Calibration of a comprehensive hypoplastic model for granular materials[J].Soils and foundations,1996,36(1):13-26.

[264] BAUER E.Hypoplastic modelling of moisture-sensitive weathered rockfill materials

[J].Acta geotechnica,2009,4:261-272.

[265] 陈生水,傅中志,韩华强,等.一个考虑颗粒破碎的堆石料弹塑性本构模型[J].岩土工程学报,2011,33(10):1489-1495.

[266] 明华军,孙开畅,徐小峰,等.考虑颗粒破碎对特征孔隙比影响的堆石体亚塑性本构模型[J].岩石力学,2016,37(1):33-40.

[267] 王洪波,邵龙潭,熊保林.确定亚塑性模型参数 n、h_s 的一种改进方法[J].岩土工程学报,2006,28(9):1173-1176.

[268] 王洪波,邵龙潭,张学增.基于亚塑性理论的无粘性土压缩试验应力应变的研究[J].岩土工程学报,2006,28(6):780-783.

[269] YAO Y P,YAMAMOTO H,WANG N D.Constitutive model considering sand crushing[J].Soils and foundations,2008,48(4):603-608.

[270] 王乃东,姚仰平.粒状材料颗粒破碎的力学特性描述[J].工业建筑,2008,38(8):17-20.

[271] 姚仰平,黄冠,王乃东,等.堆石料的应力-应变特性及其三维破碎本构模型[J].工业建筑,2011,41(9):12-17.

[272] 姚仰平,刘林,罗汀.砂土的 UH 模型[J].岩土工程学报,2016,38(12):2147-2153.

[273] 罗汀,刘林,姚仰平.考虑颗粒破碎的砂土临界状态特性描述[J].岩土工程学报,2017,39(4):592-600.

[274] 牛玺荣,姚仰平,陈忠达.吕梁山压实花岗岩风化土的强度特性及本构模型[J].岩土力学,2017,38(10):2833-2846.

[275] 朱晟,邓石德,宁志远,等.基于分形理论的堆石料级配设计方法[J].岩土工程学报,2017,39(6):1151-1155.

[276] 张丙印,吕明治,高莲士.粗粒料大型三轴试验中橡皮膜嵌入量对体变的影响及校正[J].水利水电技术,2003,34(2):30-33,67.

[277] 沈智刚,HARDER L F,VRYMOED J L,等.随机荷载下砂的动力反应[J].国外地震工程,1981(3):52-58.

[278] 谢定义,巫志辉.不规则动荷脉冲波对砂土液化特性的影响[J].岩土工程学报,1987,9(4):1-12.

[279] 张建民.砂土的可逆性和不可逆性剪胀规律[J].岩土工程学报,2000,22(1):12-17.

[280] 杨光,孙江龙,于玉贞,等.循环荷载作用下粗粒料变形特性的试验研究[J].水力发电学报,2010,29(4):154-159.

[281] 张建民,罗刚.考虑可逆与不可逆剪胀的粗粒土动本构模型[J].岩土工程学报,2005,27(2):178-184.

［282］王刚.砂土液化大变形的物理机制与本构模型研究［D］.北京：清华大学，2005.

［283］王刚，张建民.砂土液化大变形的弹塑性循环本构模型［J］.岩土工程学报，2007，29（1）：51-59.

［284］童朝霞，张建民，张嘎.考虑应力主轴旋转效应的砂土弹塑性本构模型［J］.岩石力学与工程学报，2009，28（9）：1918-1927.

［285］童朝霞.应力主轴旋转条件下砂土的变形规律与本构模型研究［D］.北京：清华大学，2008.

［286］ZHANG J M，WANG G.Large post-liquefaction deformation of sand，part Ⅰ：physical mechanism，constitutive description and numerical algorithm［J］.Acta geotechnica，2012，7（2）：69-113.

［287］王睿.可液化地基中单桩基础震动规律和计算方法研究［D］.北京：清华大学，2014.

［288］WANG R，ZHANG J M，WANG G.A unified plasticity model for large post-liquefaction shear deformation of sand［J］.Computers and geotechnics，2014，59：54-66.

附录Ⅰ　堆石料Ⅰ的残余变形与循环振次的关系

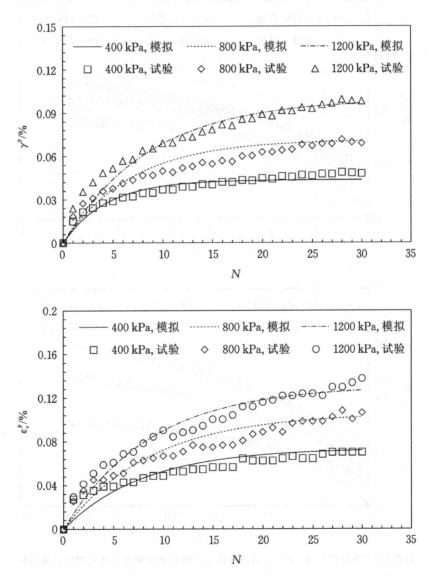

附图 1-1　堆石料Ⅰ（$K_c=1.5$，动应力比 0.3）的残余变形与循环振次的关系曲线

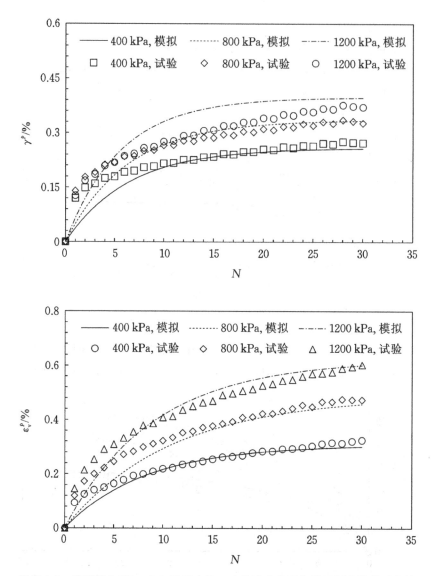

附图 1-2　堆石料 I（K_c＝1.5，动应力比 0.9）的残余变形与循环振次的关系曲线

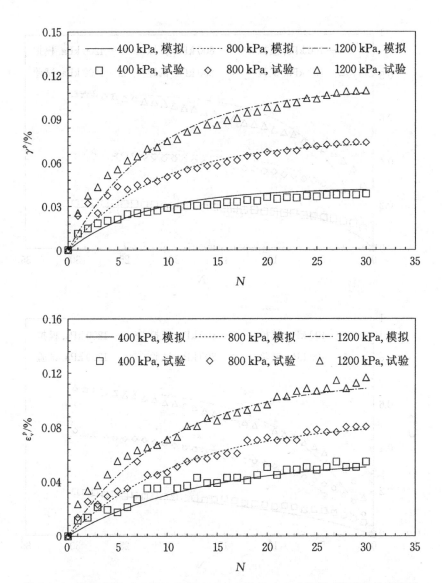

附图 1-3　堆石料 I($K_c = 2.0$,动应力比 0.3)的残余变形与循环振次的关系曲线

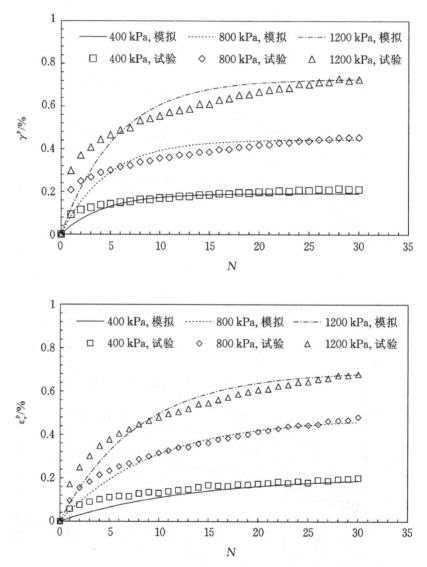

附图 1-4　堆石料 I（$K_c = 2.0$，动应力比 0.9）的残余变形与循环振次的关系曲线

附录Ⅱ 堆石料Ⅱ的残余变形
与循环振次的关系

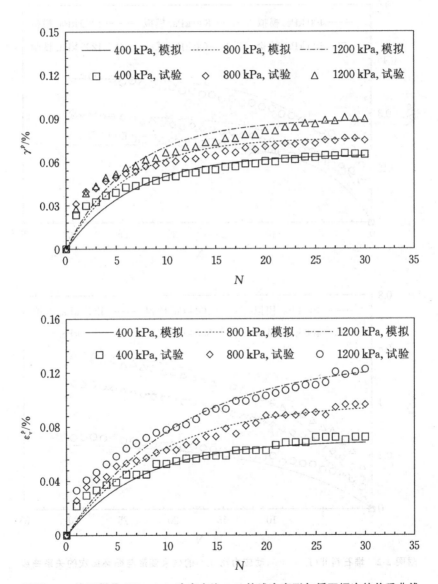

附图 2-1　堆石料Ⅱ($K_c=1.5$,动应力比 0.3)的残余变形与循环振次的关系曲线

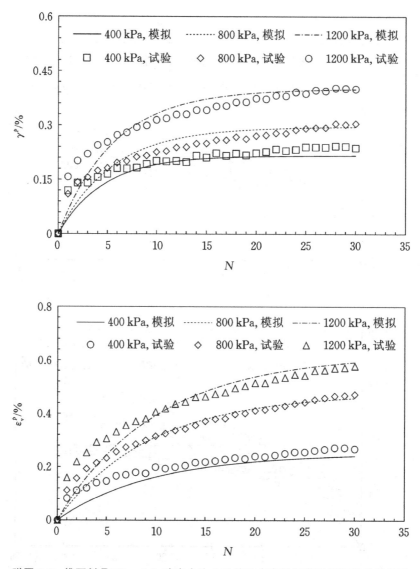

附图 2-2　堆石料 Ⅱ($K_c = 1.5$，动应力比 0.9)的残余变形与循环振次的关系曲线

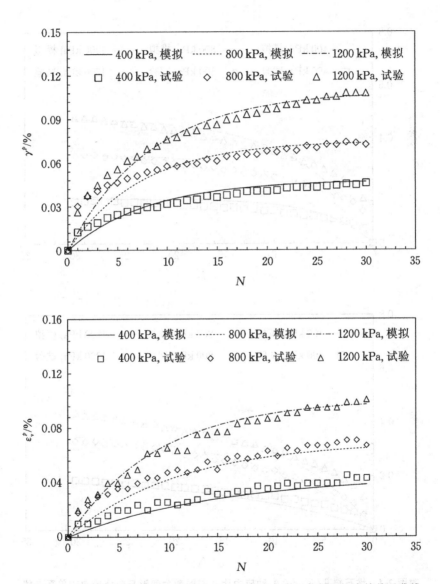

附图 2-3 堆石料Ⅱ($K_c = 2.0$,动应力比 0.3)的残余变形与循环振次的关系曲线

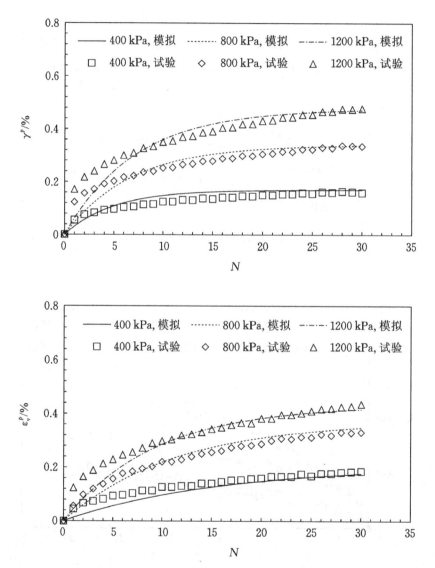

附图 2-4　堆石料 Ⅱ (K_c＝2.0,动应力比 0.9)的残余变形与循环振次的关系曲线

附录Ⅲ　堆石料Ⅲ的残余变形
与循环振次的关系

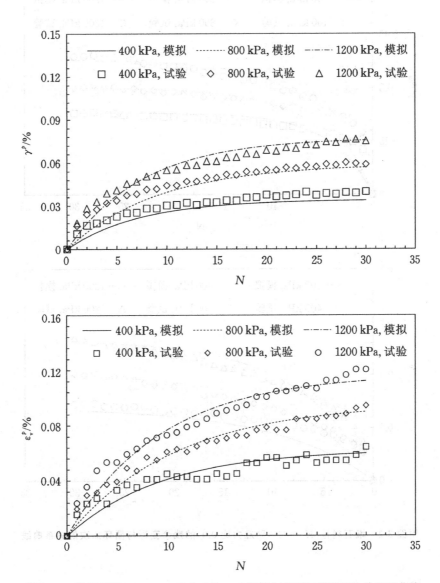

附图 3-1　堆石料Ⅲ（$K_c = 1.5$，动应力比 0.3）的残余变形与循环振次的关系曲线

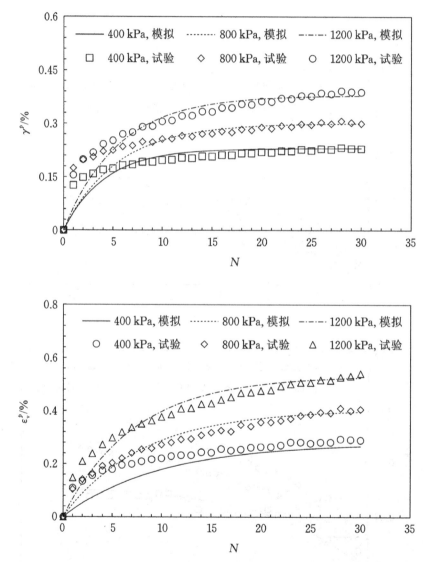

附图 3-2　堆石料Ⅲ($K_c=1.5$,动应力比 0.9)的残余变形与循环振次的关系曲线

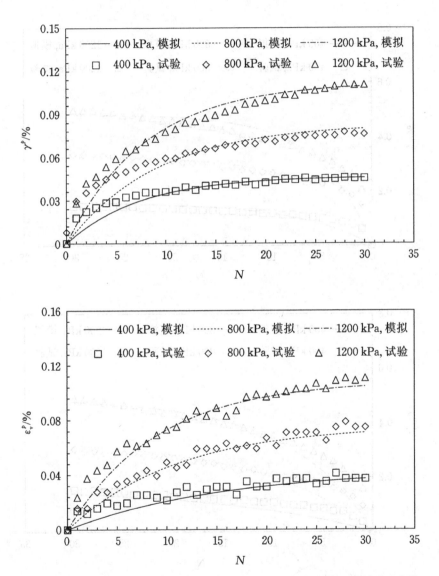

附图 3-3 堆石料Ⅲ($K_c = 2.0$,动应力比 0.3)的残余变形与循环振次的关系曲线

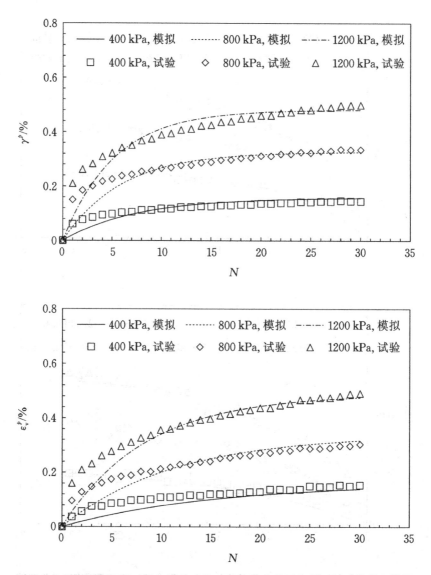

附图 3-4　堆石料Ⅲ($K_c=2.0$,动应力比 0.9)的残余变形与循环振次的关系曲线

附录Ⅳ　堆石料Ⅳ的残余变形
与循环振次的关系

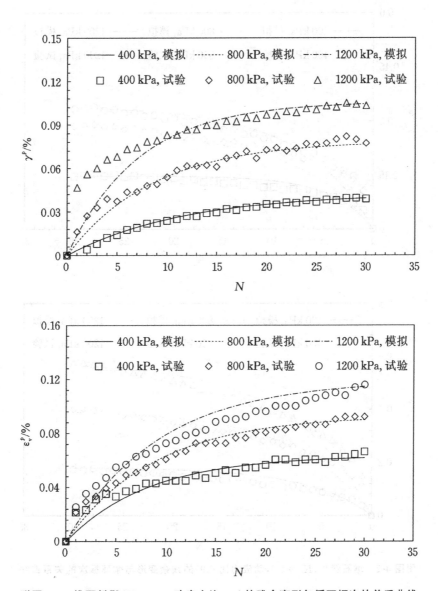

附图 4-1　堆石料Ⅳ（$K_c = 1.5$，动应力比 0.3）的残余变形与循环振次的关系曲线

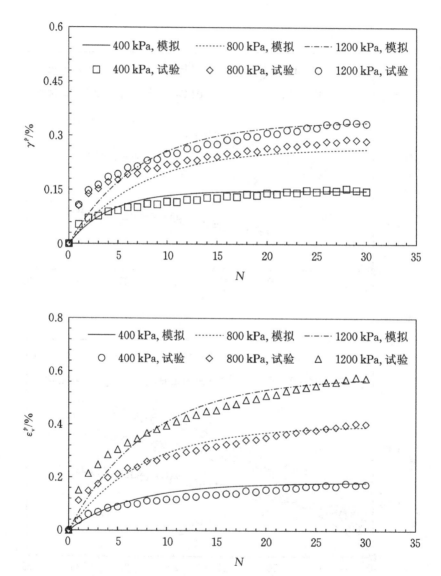

附图 4-2　堆石料 IV (K_c=1.5，动应力比 0.9)的残余变形与循环振次的关系曲线

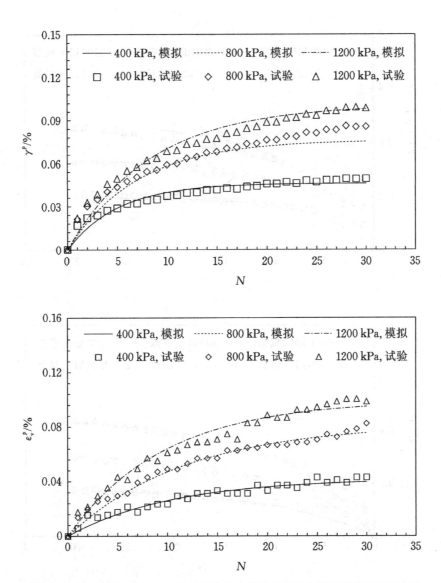

附图 4-3　堆石料 Ⅳ（$K_c = 2.0$，动应力比 0.3）的残余变形与循环振次的关系曲线

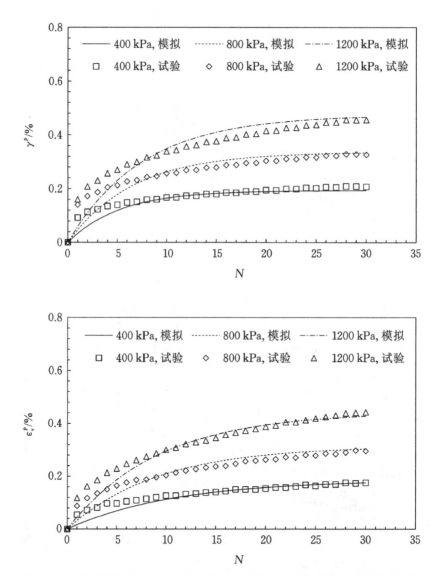

附图 4-4　堆石料 IV ($K_c = 2.0$, 动应力比 0.9) 的残余变形与循环振次的关系曲线